咖啡屋風格　X　手作木工

# 輕鬆改造溫馨住宅

國家圖書館出版品預行編目(CIP)資料

咖啡屋風格Ｘ手作木工：輕鬆改造溫馨住宅 /
姜鎬正、朴孝順編著；陳馨祈譯. -- 新北市：
北星圖書, 2016.04
　　面；　公分
　　ISBN 978-986-6399-29-9(平裝)

1.木工 2.家具製造

474.3　　　　　　　　　　105004639

# 咖啡屋風格Ｘ手作木工：輕鬆改造溫馨住宅

作　　者 / 姜鎬正、朴孝順
發 行 人 / 陳馨祈
發　　行 / 北星圖書事業股份有限公司
地　　址 / 新北市永和區中正路458號B1
電　　話 / 886-2-29229000
傳　　真 / 886-2-29229041
網　　址 / www.nsbooks.com.tw
e-mail / nsbook@nsbooks.com.tw
劃撥帳戶 / 北星文化事業有限公司
劃撥帳號 / 50042987
製版印刷 / 皇甫彩藝印刷股份有限公司
出 版 日 / 2016 年 4 月
I S B N / 978-986-6399-29-9
定　　價 / 400 元

Café Style Home Interior" by PARK HYO SUN ( 朴孝順 ), Kang Ho Jeong ( 姜鎬正 )

Copyright © 2013 Kang Ho Jeong, PARK HYO SUN

All rights reserved.

Original Korean edition published by Kyunghyang Media

The Traditional Chinese Language translation © 2016 NORTH STAR BOOKS CO., LTD

The Traditional Chinese translation rights arranged with Kyunghyang Media through

EntersKorea Co., Ltd., Seoul, Korea.

本書如有缺頁或裝訂錯誤，請寄回更換。

咖啡屋風格 X 手作木工

# 輕鬆改造溫馨住宅

姜錫正·朴孝順 著

　　突然有一天，回顧自己過往的人生，如白紙般什麼東西都沒有留下，只以油漆上色為自己的人生目標而努力地往前。因此當人生需要變化時，我開始改造老舊家具，來改變家中環境及氣氛，沒想到漸漸愛上動手改造的樂趣，而原本是藥罐子的我，身體健康狀況慢慢好轉，在改造家裡環境的同時，同時也管理所經營的部落格，沒想到連續三年成為家具、裝潢類的熱門搜尋部落格。

　　很高興在三十歲後期，不知道自己該何去何從時，看到了指引自己未來方向的指標，展開了我的家具翻新改造人生，更是開啟第二人生的轉捩點，這段期間的所有裝修改造步驟都記載在本書中，從基礎製作到完成，以自身經驗累積而成，充滿熱情與努力的動手改造裝修書，也很高興能在巧合之下透過部落格認識 come home，跟她一起製作本書。

　　對十分體諒我的丈夫及兒子、女兒感到抱歉，卻也謝謝他們在這本書完成之前默默地支持著我。

　　這本書受到許多人們的幫忙及支持，在此真心地感謝各位，因接觸木頭讓我感覺到自己是這世界上最單純的人，所以在這裡跟大家一起分享我對木頭的愛好及從中發現的喜悅。

Togabang 姜鎬正

有一天到同社區的晚輩家玩，突然看到他家裡有用美國松板製成的收納箱，我馬上就被木頭特有的鄉村感給吸引，前後又再去過幾次晚輩的家後，產生了"我要不要也動手試試？"的好奇，便先從油漆開始著手，拿著油漆和刷子將房間牆壁上色的同時，我也從一個平凡的家庭主婦走向房屋改造之路。

我深深著迷於動手修繕、改造的魅力之中，每天茶不思飯不想地到處奔走各處工地，為的是想獲得零星的木頭及木板，甚至還曾到回收場尋找可重新改造的家具，就連走在路上若看到被丟棄的家具，也會想辦法把它帶回家。

也因我沒有基礎的改造知識，一路走來經歷過許多次的失敗，也曾向專家學習。

等到裝修自信逐漸累積之後，便開始建立部落格，展開我的新人生。這段期間在改造時所經歷的各種錯誤及 DIY 的注意要點都收錄在本書中，希望這本入門裝修書可以成為跟我一樣喜歡動手製作讀者們的幫助；也謝謝跟我一起合力製作本書的 Togabang 姐姐，有了妳的協助和支持，讓這本書變得更加有意義。

裝修改造對我來說是件幸福又充滿活力的事，而我全力以赴的活力姿態也成了激勵女兒的動力。

很謝謝一直在我身邊幫助我的丈夫及女兒，因我為了製作這本書而忽略了家中大小事，耶穌愛你們，我也愛你們；除此之外，真心的謝謝那些每天都來 come home 給我鼓勵及勇氣的部落格朋友們，謝謝你們。

come home 朴孝順

目次

第一章
**臥室**

**第二章**

## 小孩房

**第三章**

## 廚房

第四章
# 客廳

# 裝修工具

1 **角尺、捲尺、鐵尺**：為工作時的必要工具，捲尺最常使用的長度為三公尺及五公尺。

2 **鋸子**：鋼鋸、雙面鋸、木工合鋸

3 **槌子**：鐵槌、木槌　　　　　　4 **螺絲起子**：十字、一字　　　　5 **鑿刀**：可用於挖凹槽。

6 **電鑽**：電動電鑽、充電電鑽、鎚鑽
　　鑽頭、各種螺絲釘、一字／十字螺絲起子、兩用鑽頭

7 **圓穴鋸**：鑽洞時使用。　8 **釘槍**：用於連結木材與木材。　9 **電動釘槍及釘針**：為最常使用到的道具，來連結木材。　10 **線鋸機及線鋸片**：可單純切割木材、鐵製品或曲線狀木材。

11 **圓形鋸（多角度切斷機）**：可測量木頭的角度並加以裁切。

12 **多角度切割座**：需要裁切各種角度時使用。

13 **砂磨機（手動型及電動型）**：利用砂紙來拋光，可讓木材表面平滑均勻。

14 **砂紙**：木材上漆前後可使用砂紙。

15 **防水木工膠（太棒膠）**：連接木頭時若塗上木工膠可更加牢固。

16 **木頭填補劑**：用於填補木板的凹洞。

17 **熱熔槍及熱熔膠**：熱熔膠放入熱熔槍後等二到三分加熱融化，方便黏著。

18 **矽膠槍（矽利康槍）及矽利康**：可連接玻璃、金屬、木頭等的多用接著劑。

19 **夾鉗**：連接木頭時塗上木工膠並用夾鉗固定，可更加牢固。

20 **錐子**：在釘十分小的釘子時，可先用錐子穿洞。

21 **橡皮刮刀**：手作塗料時的方便工具。

22 **鉗子**：用來切斷鐵或鐵絲。

23 **平嘴鉗**：將圓圈或鐵彎曲或展開時使用。

24 **尖嘴鉗**：使用在電線或珠子類作業，或是彎曲鐵絲時使用。

25 **老虎鉗**：拔除釘子或釘釘子時使用。

26 **多用途剪刀（切斷鐵網用）**：用來切斷鐵網或鐵板。

27 **美工刀**

28 **電動刨刀**：用來刨光木頭表面。

29 **角刨刀**：可將鋒利的四角刨成平順角邊。

30 **水平儀**：用於測量門框或地板等的水平工具。

31 **扁平鑽頭**：用於在木材上鑽洞時的鑽頭之一。

# 木頭種類

**集成材**：指將集成木切成 W 型後，用木工膠加以黏合。

1 **杉木集成材**：重量輕、抗濕氣、氣味又好，常被使用在家具或木製用品上；缺點是不耐撞、容易產生凹陷。
2 **太平洋鐵木集成材**：木頭強度高、可抗腐蝕和蟲類哨咬，是天然的防腐木材，色澤較一般木頭深，有木紋，常被使用為表面的上板。
3 **紅松集成材**：彎曲、有彈性、斷裂的可能性較低，較為堅固，常被使用在裝修的內裝材料。
4 **雲杉集成材**：為表面處理光滑的集成材，材質較堅固，但常有木材彎曲的情況發生。
5 **美國松集成材**：美國松的集成材比杉木來的硬，大多製作成家具使用。

**原木**：代表未經過加工的木頭。

1 **柚木材**：從東南亞直接進口，環保可回收的柚木木材，常被製作成手作家具或懷舊的裝飾用品。
2 **杉木板材**：水分較多、香氣宜人、常被使用在陽台或地板的木材。
3 **飫肥杉板材**：不易腐敗、十分堅硬、常使用在陽台、床板、浴室地板木材。
4 **紅杉木 red cedar**：紅杉木可抗濕氣、腐蝕及蟲害，常用在浴室、廚房的裝潢。
5 **紅松板材 red pine**：俄羅斯產的紅松板材有自然的松樹花紋，常用來製做家具或家具的上板。

**組合板**（Ruba）：有凹槽的木板相互組合後可方便組裝。

1 **美國松組合板**：表面樹節自然，可調節家中濕度，常被使用作成牆面、家具門板。
2 **杉木組合板**：抗水份及蟲害，氣味宜人，能改善過敏性皮炎、過敏症狀。

## 角材（角木）：只有角度的木材。

1 **美國松角材**：分為正角材與平角材，木材行販賣的角材大多為俄羅斯產的松樹。
2 **雲杉角材**：又被稱為魚鱗雲杉，材質較軟容易彎曲，但樹木紋路明顯均勻，常被使用作為價格較低廉的小型家具。
3 **紅杉木角材**：抗濕氣、腐蝕、蟲害，經常用為乾式浴室的地板。
4 **柳安木角材**：用於固定門框玻璃或固定用支架。
5 **木心**：當連接木材時，穿洞後以木心相互連接，也可以用來隱藏木材凹陷的部分。
6 **木棒**：由松樹製成，有許多不同粗細，最常使用的寬度為 15 公厘。

# 拋光木頭表面

### 砂紙的種類及使用方法

在木材油漆前後，都須先使用砂紙，可裁成所需大小使用，以節省砂紙。

1 **60 號、80 號、100 號**：用於相當粗糙的木材表面。
2 **180 號**：拋光集成材或美國松時使用。
3 **220 號**：拋光原木、集成材等或是將既有產品的表面進行整修時使用。
4 **400 號、600 號**：可拋出略為細緻的表面，在需要打底或油漆過程中，想獲得更細緻的表面時使用。
5 **800 號**：想拋出最細、平順的表面時使用，在水洗或彩繪作業完成後稍微拋光，可產生十分細緻的表面。

# 用電鑽連結木頭

## 不同種類的電鑽

**Bosch 博世 XO 充電電鑽**：對初學者來說是很好的入門工具，但電壓 3.6V 似乎稍嫌不足，建議可在組合半成品時使用，優點在於價格低廉、可充電。

**CEL 鋰電池充電電鑽**：電壓 10.8V 十分足夠，可調整速度、力量，對充電電鑽來說重量也很輕，也可替換鑽頭。

**Dewalt 得偉電鑽**：對初學者來說，充電電鑽馬力較弱，轉而使用電動電鑽可能會有些困難度。通常需要在水泥牆上鑽洞時才會使用到電動電鑽。

**Metabo 美達寶**：用較粗鑽頭鑽大洞的槌型鑽頭在 DIY 時並不會使用到，常使用在建築或重裝備領域中。

## 用電鑽來作業

當木頭有厚度時，很難以釘的方式進行，先用電鑽挖洞後可方便後續的加工作業。

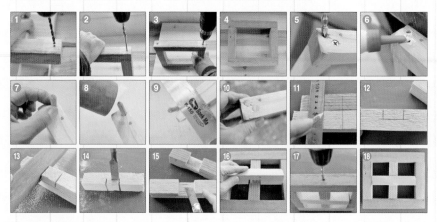

## 使用電鑽的姿勢

1 以穩定的姿勢握緊電鑽。

2 左手握住木頭，右手將要釘入的螺絲釘一直線地鑽入。

3 若想讓螺絲釘更深入，手握住電鑽前端，施力將螺絲釘鑽入。

以電鑽連結木頭的影片

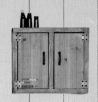

## 用電動釘槍釘釘子

1 要裝入釘針時，按下按鍵後往後拉。

2 依照木頭的厚度，來選擇釘針長短。

3 將釘針放入。

4 將針夾往裡推，直到發出"咔"的聲音。

5 將釘槍直立成一直線，並用左手握住釘槍機身來打洞。

6 當釘針針頭凸出時，可用鐵槌敲平。

7 拔下木板時會有凸出的釘針。

8 用鐵鎚將凸出的釘針敲平。

9 或用虎頭鉗拔除釘針。

10 釘槍的握姿

釘槍的
影片

# 裁切木頭

## 裁切木頭的工具

除了鋸子能裁切木頭之外,還有各種不同的電動工具,圓形鋸(多角度切斷機)、線鋸機、多角度切割座、可挖出圓形洞的鑽頭、圓穴鋸、扁平鑽頭等。

## 用圓形鋸來裁切木頭

可用來裁切各種不同的木頭,也可隨喜好調整裁切角度,裁切木頭時會產生巨大聲響,使用時須注意自身安全。

使用圓形鋸裁切木頭的影片

用圓形鋸裁切出 45 度角木頭的影片

## 替換線鋸機的鋸片

1 更換線鋸機的鋸片時,須先準備一把一字的螺絲起子。

2 用一字螺絲起子將線鋸機上方的螺絲反方向轉開。

3 將鋸片的刀鋒朝上,並小心地將它取出。

4 放入替換用的鋸片。

5 將替換用的鋸片,把刀鋒朝前並加以固定。

6 用一字螺絲起子以順時鐘方向鎖緊線鋸機。

## 用線鋸機來裁切四角形

1 在用線鋸機鋸木頭之前，先用鉛筆畫出裁切的線條。

2 再將線鋸機擺正，跟木頭呈現直角。

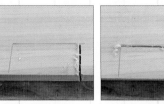

3 先從右側開始裁切。

4 由於線鋸機無法裁切直角，以曲線裁切。

5 再裁切左側線條。

6 將剛剛的曲線部分以直線的方式裁切。

7 這樣就可用線鋸機裁出整齊的四方型。

用線鋸機裁切四方形的影片

## 用線鋸機來裁切圓形

1 先準備比線鋸機鋸片更粗的電鑽鑽頭。

2 用鉛筆畫出圓形後，用電鑽在線內鑽洞。

3 將線鋸機放入洞後，照著鉛筆線裁切圓形。

4 慢慢轉動木板，來裁切漂亮的圓形。

5 這麼一來漂亮的圓形就完成了。

用線鋸機裁切圓形的影片

16

# 在木頭與水泥上釘釘子

## 在水泥上鑽螺絲釘

1 找與塑膠壁栓寬度相似的鑽頭及螺絲釘。

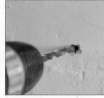

2 先用電鑽在水泥牆上鑽洞，這時若用充電電鑽力道會不足，建議使用電動電鑽或槌鑽。

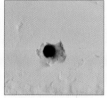

3 鑽出可放入塑膠壁栓的洞孔。

4 放入塑膠壁栓並用鐵槌固定。

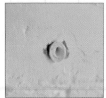

5 使塑膠壁栓與牆面貼合。

6 最後將螺絲釘鑽入。

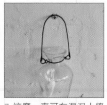

7 這麼一來可在混泥土牆或水泥牆上作不同的擺設造型。

# 油漆工具

## 刷子

1 **油漆刷**：幫較窄的範圍或角落油漆時，可用油漆刷上色。
2 **排筆**：刷毛較短且柔軟，比油漆刷更適合沾取丙烯顏料或清漆上色。
3 **平筆**：幫小物品上色或用來進行磁磚縫作業。
4 **形染拓刷筆**：可用顏料來表現特殊字體。

## 滾刷&油漆盤

**滾刷**：主要使用在有寬闊範圍的家具表面或牆面粉刷，不會產生刷痕。
**油漆盤**：用來減少並使滾刷沾取適當油漆的工具，尤其在油漆牆面時更需要油漆盤來控制滾刷上的油漆量。

## 海綿&海綿刷

不僅可重新表現出木頭質感的工具，當進行著色作業時也可用海棉刷來幫黑板進行油漆。

## 紙膠帶&養生膠帶

先將不可沾到油漆的地方用紙膠帶黏貼好後再進行油漆，可黏貼養生膠帶先把家具及物品包裹，進行牆面上漆時也可用來固定地面遮蔽布。

## 打底劑

油漆作業前的基礎，也可以稱為底漆。

## 油漆

種類及用途多元的油漆分為水性及油性兩種，加入稀釋劑的油性漆氣味較重，對人體有害的物質較多，不建議使用在家庭改裝；大部分使用可依照不同用途加水稀釋的水性漆，環保的水性漆對人體無害，可用來漆兒童房的家具或牆壁。

## 水性著色劑

凸顯出自然的樹紋時，可使用著色劑，想要有卓越的防蟲、防潮效果，加水稀釋的水性著色劑雖可減低氣味，但也會減少防潮功效，最好能再使用面漆結尾。

## 油性著色劑

有卓越的防蟲、防潮效果，可深入原木並維持木材原有的紋路，著色劑有著色、染料等意思，油性著色劑不需再使用最後的面漆；使用完刷子後有可能會覺得清洗很麻煩，此時建議使用剪成小塊的海綿進行一次性上漆。

## 壓克力顏料

可幫無法上色的原木、小物品、模板作重點著色，能調出想要的顏色，或用較深的原色來表現，用水稀釋後使用則有水洗的油漆效果。

## 清漆

為塗完油漆或壓克力顏料後所塗的外層漆及面漆，可防止裡層油漆脫落及變色，除此之外也有防水效果，會碰觸到水的部分可重複多擦幾層，來加強防水效果，分為透明及不透明（半透明），依照使用法的不同，也能用水稀釋使用。

## 黑板漆

可用在原木、鐵製品、塑膠等的裝修上，在物品表面漆上黑板漆後，就可如黑板一般使用。

## 筆刀、切割墊、賽璐珞片

裝修後若想自己製作手作字體時，可使用的各種模板道具。

 **TIP**

在日常生活中進行家具裝修或動手製作家具時，不需要買各種不同的油漆和著色劑，購入最基本的打底劑、清漆、白色水性漆及想使用來凸顯重點顏色的壓克力顏料。

水性漆或壓克力顏料可加水稀釋來上色，比起沒目標的購買，倒不如買一、兩種基本水性漆顏色，等到累積經驗後再買進階的材料。

# 基本油漆上色方法

## 裝修家具的上漆順序

1 先將要上色的家具擦拭乾淨。

2 拆下手把。

3 抽屜和櫃子分開擺放。

4 若為乾淨的貼皮家具，可直接在貼皮上上漆。

5 上完打底劑，等待約三小時乾燥後，再重新上一層。

6 等打底劑完全乾燥後，將自己喜歡的顏色漆上二到三層。

**TIP** 依照不同的用途，漆上清漆時可防止汙染及掉色的情形發生。

## 油漆工具的使用方法

**刷子：**用來打底劑、上清漆、塗油漆時會有不同種類的刷子，在漆白色油漆時，若使用打底的刷子來上色也無妨。通常在漆打底漆或油漆時需要等待乾燥的時間，若不好好保管刷子，刷子會漸漸乾硬，可把刷子放入透明塑膠袋，排光袋中空氣後仔細地綁起來，防止空氣灌入，即可維持刷子的濕度。使用完畢的刷子可放在冷水或溫水中仔細清洗，在流動的水下清洗還是會有殘留的油漆，所以需浸泡在水中二到三小時，之後甩乾刷子上的水分，平放至乾燥。

**油漆盤：**使用塑膠油漆盤時，建議套上塑膠袋後使用，這麼一來油漆工程結束後，不須清洗油漆盤，直接丟棄外層的塑膠袋即可。

# 善用道具來漆出懷舊風格

## 剪報木頭油漆法（善用紙膠帶）

1 先組合成半成品。

2 用美工刀刻出小凳子上的木頭接縫處。

3 用深色的油性著色劑（Benjamin moore arborcoat 著色劑），塗滿整個作品。

4 將想要上色的地方用紙膠帶標示出來，並漆上自己想要的顏色。若在油漆乾燥之前就把紙膠帶撕下的話，則會有懷舊的效果。

## 懷舊油漆法（善用蠟燭）

1 用海綿沾滿油性著色劑（Benjamin moore arborcoat 著色劑），將小凳子上方塗滿。

2 等著色劑乾燥後，用蠟燭將想要的字寫上去。

3 再塗上兩層薄荷綠油漆。

4 油漆乾燥後，用美工刀把原本有蠟燭處的薄荷綠油漆摳下來，再把想凸顯出顏色的油漆塗在其上。

## 表現出懷舊風格（善用鋸子及砂紙）

1 用鋸子將要裝修的物品表面鋸出痕跡。

2 漆上骨董釉（General Finishes 深咖啡）。

3 著色劑乾燥後漆上兩層油漆。

4 等油漆乾燥後將砂紙夾在手動砂磨機上，將表面及四邊進行打磨。

## 表現粗糙感（善用砂紙）

1 將未沾過水的刷子沾油漆後上漆。

2 等到油漆乾燥後，用180 號的砂紙將表面及周圍打磨。

3 附屬品的掛勾也需要在上漆後用砂紙稍微打磨。

## 表現鐵製品感（善用美工刀）

1 用海綿沾取油性著色劑（Bondex 橡樹），擦拭整個物品。

2 等著色劑乾燥後，準備顏料及刷子，將物品上色兩次。

3 顏料乾燥後用美工刀把物品周邊及平面部分稍稍刮掉顏料，大膽地表現。

4 為了凸顯鐵製品的感覺，漆上一層清漆（Benjamin moore 高光）後等待乾燥。

## 完成

剪報木頭油漆法（善用紙膠帶）

懷舊油漆法（善用蠟燭）

表現出懷舊風格（善用鋸子及砂紙）

表現粗糙感（善用砂紙）

表現鐵製品感（善用美工刀）

# DIY 的基本重點

## 刻畫模板圖案

1 在想要的文字上用紙膠帶牢牢固定好賽璐珞片。

2 在賽璐珞片上用簽字筆描出字型。

3 將描好的賽璐珞片放在切割墊上,用筆刀刻出字樣。

4 準備形染拓刷筆及壓克力顏料後以沾點的方式上色。

5 完成。

## 使用模板的方法

1 以刷筆沾取顏料,直到完全吸取顏料。

2 將刷筆點在廚房紙巾上。

3 在原處畫圓般(六至十次)重覆沾點。

4 在得到自己想要的顏色陰影前,不停地嘗試所需顏料量,手腕盡量放鬆,如點腮紅般輕輕沾點。

5 抓住調整顏料色感後,再放上模板著色。在進行每一個字之前,都須重複上面的方法來抓住手感和色感。

6 完成。

# 可購買自我裝修物品的地方

**購買半成品**

Sonjabee.Com www.sonjabee.com
Diyya 空間 www.diyya.com
Papa 樹 www.papanamoo.co.kr
FeelWell www.feelwell.co.kr

**購買油漆**

Benjamin moore 油漆 www.benjaminmoore.
co.kr

**購買照明器具**

照明空間 www.9s.co.kr

**購買家具**

DinoDeco www.dinodeco.com
Paint Info www.paintinfo.co.kr

**購買木材**

Tiger 木頭（原木、角材）www.tigerdiy.com
KienHo（板材）www.kienho.com

**購買其他用品**

Kissmyhouse www.kissmyhaus.com
Shesday www.shesday.kr
AppleCountry www.applecountry.co.kr
designhappy www.designhappy.co.kr
Laserena www.laserena.co.kr
Salondemama www.salondemama.com

**購買寢具用品**

女孩們的空間 www.thatgirls.com
CozyCotton www.cozycotton.co.kr

**購買貼紙圖片**

SangsangHoo www.sangsanghoo.com

**購買名稱標籤、皮革標籤、布料印刷**

Lucydiamond www.lucydiamond.co.kr

**購買布料**

Sunquilt www.sunquilt.com

第一章

|

# 臥室

## 和諧又舒適自然的臥室

把結婚時購買的衣櫥和床鋪都漆成以白色為主的自然風格,衣櫥上的空間以白布裝飾;旁邊則以畫廊式的窗戶造型如壁櫃般裝飾,白色基底的色調令人感到純潔乾淨,讓心情也如無多餘修飾的臥室一般心曠神怡。

# 直接在壁紙上上色的
# 手作牆面（HandyCoat）

以前曾用藍色油漆漆過臥室裡的一面牆，
時間一久不僅看膩單調的色彩，牆角的部分也因室內的溫差而有些許發霉，
所以我決定動手來改造它。
補土不僅可吸收水分，也有防止牆面發霉的效果，
是個簡單又可表現出粗曠感的作業。

before

使用工具　橡皮刮刀、滾刷、油漆刷、油漆盤
使用材料　可洗式補土、油漆（Benjamin moore ben cloud white 967）

**1** 用小板子或容器盛裝適量的可洗式補土。

**2** 以橡皮刮刀挖取補土塗抹在牆壁上。

**TIP** 手腕放鬆，以 W 字的樣子慢慢往下刮刷。

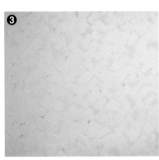

**3** 將整面牆刷過一次之後等待乾燥。

**4** 將適當量的油漆（Benjamin moore ben cloud white 967）倒入油漆盤。

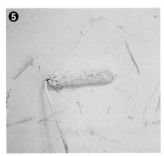

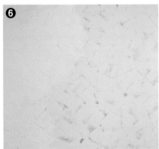

**5** 滾刷沾取油漆後，將補土過的牆面全部刷一次。

**6** 左邊為刷上了油漆的樣子。

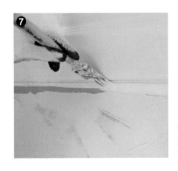

**7** 再以油漆刷將天花板及牆壁間的裝飾邊或沒漆好的地方，再次上色。

用鄉村風的木門造型打造
# 臥室窗戶

跳脫以往單用窗簾或百葉窗裝飾的平凡窗戶，
以原木打造出自然的木窗，
裝飾出充滿鄉村風的臥室。

before

使用工具　線鋸機、充電電鑽、電動釘槍、電動砂磨機、熱熔槍、海綿
使用材料　補強用扁鐵、角鐵、防水木工膠、油漆（Benjamin moore ben cloud white 967）、把手、合頁、美國松角材（厚 40mm×寬 40mm）、美國松合成板（厚 4.8mm×寬 100mm、厚 15mm×寬 100mm）、塞法戴克斯 PL50 黏著劑、著色劑（True Tone natural wood stain 橡樹）

**1** 使用電動砂磨機將要使用的角材打磨過後，以線鋸機裁切成想要的長度。

**2** 用防水木工膠連結角材相互連接的部分。

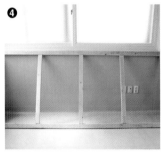

**3** 需要彎曲的地方用合頁平整固定。

**4** 利用防水木工膠和螺絲釘來完成窗戶框架。

**5** 將完成的框架放於原有的窗戶框架上。

**TIP** 直接用螺絲釘來固定於框架。

**6** 以海綿沾著色劑上色（True Tone natural wood stain 橡樹）。

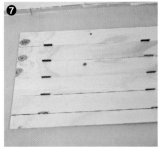

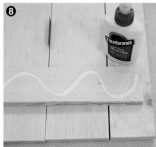

**7** 量好尺寸後將美國松合成板（厚 15mm×寬 100mm）裁切，組合成木門。

**TIP** 為了保持木板間的間距，可利用小紙卡來輔助。

**8** 用防水木工膠黏橫向木板。

**9** 以電動釘槍加以固定。

**10** 準備油漆（Benjamin moore ben cloud white 967）。

**TIP** 預備美國松合成板（厚 4.8mm ×寬 100mm）後在背面塗上塞法戴克斯 PL50 黏著劑、兩端擠上熱熔膠後依序黏於牆面，黏木板時請持續按壓一到兩分鐘。

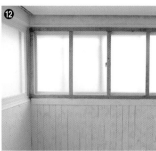

**11** 大略用刷子上漆。

**12** 上一層漆的木板面貌。

**13** 等待第一層漆乾燥後，再上第二層。

**14** 木門也漆上與木板牆相同的油漆。

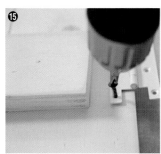

**15** 用合頁固定木門。

**16** 關上木門的樣貌。

# 帶有北歐風的
# 臥室重點牆

整體以白色色調為主的臥室，
卻刻意將一面牆漆成藍色，
營造出簡單、輕快的北歐風格。

before

使用工具　滾刷、油漆刷、油漆盤、養生膠帶、油漆開罐器
使用材料　油漆（Benjamin moore natura jamestown blue HC 148）

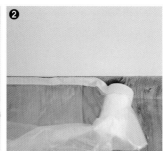

**1** 準備好工具。

**2** 用養生膠帶黏貼牆壁和地板的分界。

**3** 上油漆時有可能會滴落地面，牆面地板也可用塑膠墊鋪地。

**4** 將油漆盤放入透明塑膠袋中。

**5** 將油漆（Benjamin moore natura jamestown blue HC 148）及滾刷準備好。

**6** 用油漆開罐器開啟油漆蓋。

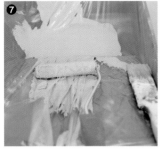

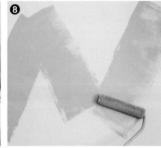

**7** 滾刷沾上適量的油漆。

**8** 在牆上以 W 字型上色。

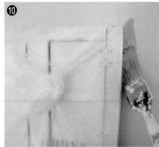

**9** 由左至右依序上色。

**10** 牆面上若有開關或插座時,用油漆刷來上色。

**11** 等到油漆乾燥後,撕下紙膠帶就可完成。

# 初學者也能輕易上手的
# 更換房門門把

改造原本銅色的門把，
讓看似平常的房門有不同的感覺，
更換成簡單又利落的門把，
使得整體的空間改造別有一番風味。

before

使用工具　充電電鑽、尖銳的錐子或迷你螺絲起子
使用材料　房門手把

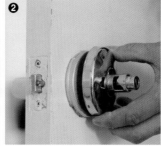

**1** 用錐子用力插入手把側邊的小洞,將手把卸下。
**2** 以順時針方向轉下圓盤。

**3** 用電鑽將上下螺絲釘卸除。
**4** 卸除後將會看到圓形的基座。

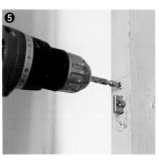
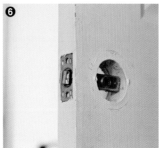

**5** 用電鑽卸除門邊的螺絲釘。
**6** 拔除門把後將替換的門閂放入門扇中。

**7** 以螺絲釘固定門閂蓋。
**8** 將剛才拔除門把的部分重新裝上。

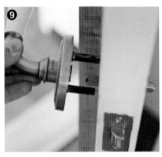 

**9** 裝上房門內側的手把。
**10** 裝上房門外側的手把。

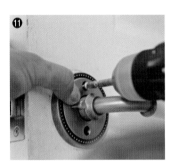

**11** 以螺絲釘牢牢固定。

TIP
手把有使用鑰匙與不使用鑰匙的設計，在裝手把時須將可鎖房門的設備安裝於房間內側。

# 帶有簡單鄉村風的
# 房門改造

是否看膩了相同的房門？
為了能簡單、迅速的進行作業，
利用美國松合成板來改造一成不變的房門。

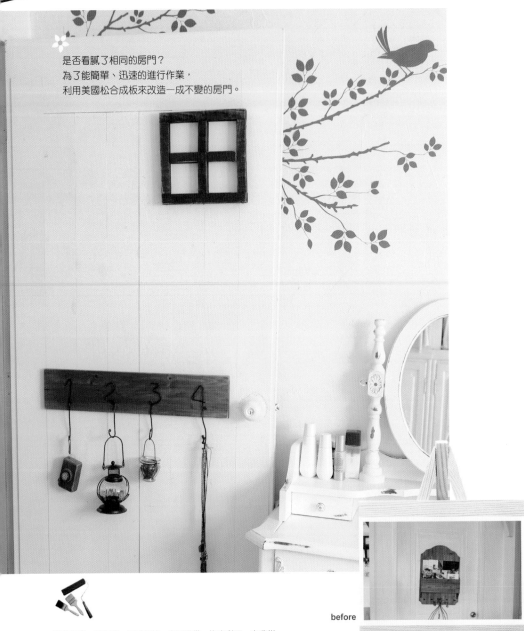

before

使用工具　線鋸機、電動釘槍、充電電鑽、橡皮刮刀、尖嘴鉗
使用材料　美國松合成板（厚 4.8mm×寬 100mm）、油漆（Benjamin moore natura white dove OC 17）、補土（淺色）、美國松角材（厚 30mm×寬 30mm）、零碎角材（厚 30mm×寬 30mm）、杉木合成板（厚 15mm×寬 120mm）、鐵絲、防水木工膠

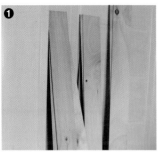

**1** 先準備好美國松木合成板（厚4.8mm×寬 100mm）。

**2** 將外框標示出來後，用防水木工膠和釘槍固定木板。

**3** 用線鋸機將手把的部分裁切後，加以固定。

**4** 空隙部分可用補土來填補。

**5** 漆上兩次油漆（Benjamin moore natura white dove OC 17）。

**6** 用角材做出格子框，以螺絲釘固定，再用杉木合成板做出掛勾架加以裝飾。

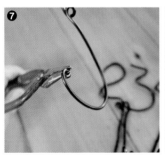

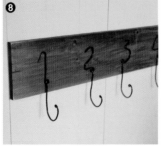

**7** 用尖嘴鉗來製作想要的數字掛勾。

**8** 最後用螺絲釘固定在門上就大功告成。

## 可提升整體裝修風格的
# 北歐風燈飾

❋ 有人曾說可從燈飾來看整修是否完成。粉刷牆壁、
更換窗簾、整修家具或製作新家具,
卻還是使用原有燈飾的話,會降低改造的完成度,
所以這次選擇了很流行的燈飾風格來改造整體的裝修空間。

使用工具　充電電鑽、黑色絕緣膠帶
使用材料　六頭燈具

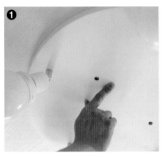

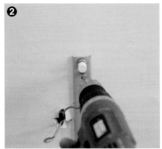

**1** 徒手將原本的照明基座螺絲釘鬆開，卸下燈具。
**2** 用電鑽把一字型的基座螺絲釘卸除。

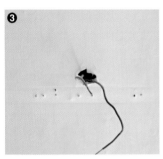

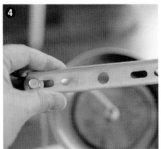

**3** 確認原有的兩根電線。
**4** 準備好替換的一字基座。

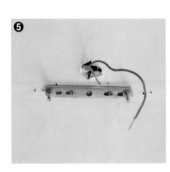

**5** 用螺絲釘將基座固定於天花板。
**6** 檢查連結照明的電線。

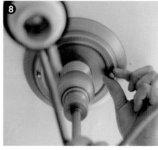

**7** 將原本天花板內的電線與照明的
電線相連結。
**TIP** 用黑色絕緣膠帶將連接後的
電線包裹纏繞。
**8** 裝上新的燈具後，用螺絲釘固定
兩側。

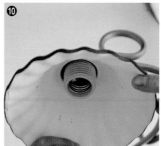

**9** 一一固定好燈座。
**10** 燈罩也一一固定。

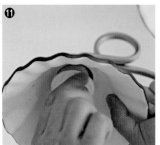

**11** 確認燈座及燈罩後，
**12** 裝上燈泡。

TIP 在更換照明設備前，請記得關閉保險箱的電源開關。

# 07

# 擁有非凡收納空間的
# 懷舊風收納櫃

各位不妨試試在床頭或化妝檯旁邊，
放置懷舊又有充足收納功能的櫃子。
適合臥室氣氛的白色色調，
能大大提升臥房氣氛。

使用工具　充電電鑽、鋸子、夾鉗、油漆刷、海綿、砂紙 220 號
使用材料　四格收納櫃、General Finishes 懷舊釉（深咖啡色）、油漆
（Benjamin moore ben cloud white 967）、合頁、木頭把手
尺寸　長 240mm×寬 400mm×高 750mm

1 準備好可組合的四格收納櫃的半成品。

2 用防水木工膠先將隔板黏好後，再用夾鉗固定。

3 依序用充電電鑽將螺絲釘栓上。

4 仔細確認所有空格是否組裝正確。

5 用鋸子將四個門板鋸出懷舊的痕跡。

6 以海綿沾取 General Finishes 懷舊釉（深咖啡色），輕輕地將四個門板上色。

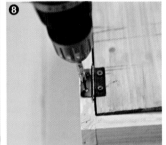

**7** 將合頁固定於門板後,
**8** 再裝於收納櫃上。

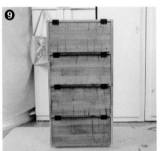

**9** 組合完成的收納櫃。

**10** 將完成的收納櫃進行第二次上色(Benjamin moore ben cloud white 967)。

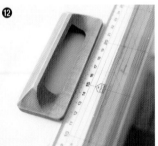

**11** 等油漆乾燥後用砂紙擦拭,營造出老舊的風格。

**12** 測量出每個門板放置手把的部位後,最後將木製手把裝上。

# 008

# 自然木製風的
# 純樸桌鏡

改造鏡子其實不是一件容易的事情，
必須將原有的鏡子拆解後，留下鏡面及背板，
利用新的角材來打造新的鏡子造型，
改造後的鏡子會比新買的鏡子更有屬於自己的感覺，
讓鏡子更有新鮮感。

使用工具　圓形鋸、電動釘槍、充電電鑽、海綿、雙面鋸

使用材料　美國松角材（厚 30mm×寬 30mm）、MDF 合板（長 540mm×寬 240mm）、柳安木角材（厚 10mm×寬 10mm）、著色劑（Bondex 水性著色劑樺樹）、固定環、木心

尺寸　長 600mm×寬 30mm×高 300mm

**1** 用圓形鋸裁切成兩個美國松角材長 600mm、寬 240mm 及一個柳安木角材長 540mm、寬 220mm 後組裝。

**2** 將柳安木角材固定於上下左右的內側，為了可讓鏡子及合板能順利從後面放入，底部須預留 8mm 的空間。

**3** 用電鑽在步驟二的美國松角材上釘入兩個螺絲釘。

**4** 再以木心隱藏螺絲處。

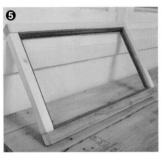

**5** 完成鏡子邊框。

**6** 用海綿上兩次著色劑（Bondex 水性著色劑樺樹）。

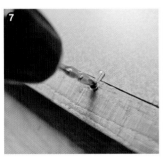

**7** 在鏡子背面蓋上 MDF 合板（長 540mm×寬 240mm），再以固定環固定。

**8** 完成純樸的木製桌鏡。

# 009

令人驚艷的仿鐵製感
# 木製文件櫃

沒想到可以用木頭也能打造出質感非凡的仿鐵製文件櫃，
用四格置物櫃來製作出文件櫃，
左上角的四格開孔及些許破損的老舊感，
更加增鐵製文件櫃的氣息。

使用工具　充電電鑽、砂紙

使用材料　兩格木製文件櫃、油漆（Benjamin moore regal wythe blue HC 143）、著色劑（Bondex 水性著色劑懷舊褐）、復古底座、蠟燭、鑰匙、鎖

尺寸　長 310mm×寬 300mm×高 660mm

**1** 用砂紙拋光兩格木製文件櫃的半成品。

**2** 並加以組合,用螺絲釘固定。

**3** 用鉛筆畫出中間放置木板的位置,在兩側釘上螺絲釘。

**4** 以螺絲釘固定底座四肢。

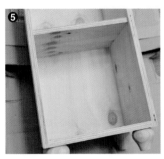

**5** 完成兩格文件櫃。

**6** 上兩層著色劑(Bondex 水性著色劑懷舊褐)。

**7** 為了打造出懷舊風格,在邊邊塗上蠟燭。

**8** 最後塗上兩層表漆(Benjamin moore regal wythe blue HC 143),鎖上合頁。

**TIP** 用鐵尺來回刮塗抹過蠟燭的地方,可以表現出帥氣的復古色調。

# 010

# 顯露帥氣控制台風格的
# 原木書桌

想擁有利落的書桌及復古風的抽屜嗎？
只要準備好化妝檯或工作桌，
就可改造屬於自己的獨特家具。

使用工具　充電電鑽、油漆刷、海綿

使用材料　diyya 自然風工作桌、杉木集成木（厚 18mm×長 920mm×寬 420mm）、防水木工膠、著色劑（Bondex 油性著色劑胡桃）、油漆（Benjamin moore regal white dove OC 17）、鐵製古典把手 2 個

尺寸　長 800mm×寬 400mm×高 750mm

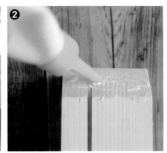

1 購入桌子及抽屜的半成品。

2 將四肢桌腳塗上防水木工膠。

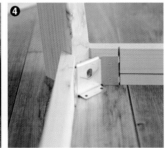

3 以螺絲釘固定支撐桌腳的支撐架,

4 同時也將框架一起連結組裝。

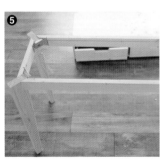

5 四個桌腳以相同方式組裝後,將桌腳擺正看看是否組裝端正。

6 最後將上層的抽屜與四肢桌腳組裝。

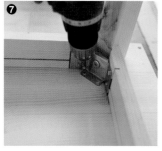

**7** 用支撐架及螺絲釘牢牢固定。

**8** 也將 Z 字型五金放入合板中以螺絲釘固定。

**9** 再次確認桌子是否組裝端正。

**10** 用油漆（Benjamin moore regal white dove OC 17）將抽屜部分及桌腳上兩次色。

**11** 用著色劑（Bondex 油性著色劑胡桃）將桌面的杉木集成木上兩次色。

**12** 最後將抽屜把手裝上就大功告成。

**TIP** 組裝半成品時，請參考組裝說明書，組裝家具時請一定要使用防水木工膠，若為生活中會經常使用到的家具，最後請記得要漆上清漆。

# 如新購入家具般自然的
# 衣櫥改造

衣櫥往往是個不好改造的大型家具，結婚時購入的衣櫥已有十年歷史，
不如利用油漆或木板來好好翻修一番，
讓改裝後充滿自然氣息的衣櫥可再重新使用。

before

使用工具　電動釘槍、螺絲起子、滾刷、油漆盤、砂紙 220 號
使用材料　美國松合成板（厚 9mm）、塞法戴克斯 PL50 黏著劑、油漆
（Benjamin moore cloud white 967）
尺寸　長 3200mm×寬 2100mm

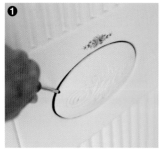

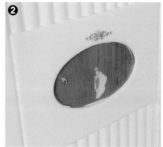

1 用螺絲起子或錐子將衣櫥中間橢圓形的裝飾拆下來。

2 拔除突出的釘針後即可,不處理木片被撕下的部分。

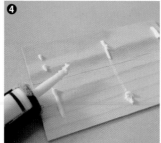

3 準備好符合改造衣櫥門扇大小的美國松木板。

4 均勻地將塞法戴克斯 PL50 黏著劑塗於木板背面。

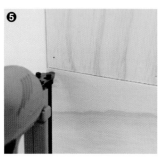

5 黏貼木板後再以電動釘槍固定。

6 依序將整體衣櫥都貼上美國松木板。

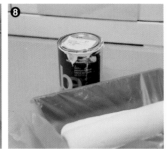

**7** 整體貼好木板的衣櫃。

**8** 準備好油漆（Benjamin moore cloud white 967）、滾刷，將衣櫃上兩次漆。

**9** 等待油漆乾燥。

**TIP** 將油漆盤套入塑膠袋後使用，並將滾刷適當地沾取油漆上色，完成油漆作業後只需把油漆盤的塑膠袋丟棄，不需要清洗油漆盤。

**10** 油漆乾燥後，用砂紙 220 號將衣櫥整體擦拭一遍。

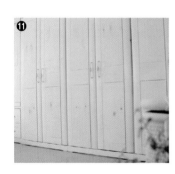

**11** 有十年歷史的衣櫥，完美變成自然的白色衣櫃。

**TIP** 若衣櫥的表面並未脫落，可直接貼上木板，越是大型的家具越需要簡單、自然的顏色；之後更換手把時也須選擇比原本門扇厚度更充裕的螺絲釘。

# 012

# 簡單俐落加上有收納功用的
# 化妝檯收納盒

大部分的梳妝台收納都會有鏡子跟蓋子，
可擺放收納化妝品，卻沒辦法好好收納購買化妝品後的小樣品，
製作一個高度較高的化妝檯收納箱，並在下面加個小抽屜，
這麼一來小樣品也能一起收納。

使用工具　線鋸機、電動釘槍、美工刀、油漆刷

使用材料　既有的收納箱、製作抽屜外框的杉木集成木（厚 18mm×長
365mm×寬 185mm 兩個、厚 18mm×長 170mm×寬 120mm 兩個、厚 18mm×
365mm×寬 120mm 一個）、製作抽屜的杉木集成木（厚 18mm×長 330mm×寬
85mm 兩個、厚 18mm×長 330mm×寬 110mm 一個）、抽屜底板用杉木集成木
（厚 15mm×長 330mm×寬 150mm）、防水木工膠、手把一個、黑色名牌夾
一個、油漆（Benjamin moore regal white dove OC 17）、英文報紙

尺寸　長 365mm×寬 185mm×高 320mm

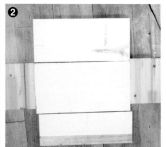

1 準備好要進行改造的收納箱及製作抽屜的木材。

2 用裁切好的五種木材組裝抽屜外框（使用防水木工膠、電動釘槍）

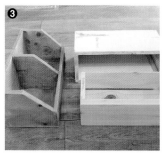

3 外框完成後也進行抽屜的組裝。

4 用油漆（Benjamin moore regal white dove OC 17）將收納箱、抽屜、抽屜外框上色兩次。

TIP 使用不需要上清漆的 Benjamin moore regal 油漆產品，可大大縮短作業時間。

5 油漆乾燥後用美工刀稍微刮去表層油漆。

6 將收納箱放置於抽屜上方後，從收納箱內部以螺絲釘固定兩者。

7 安裝手把及名片夾。

8 可放入英文報紙紙片或舊名牌。

# 013

# 令人感到摩登感的
# 復古抽屜櫃

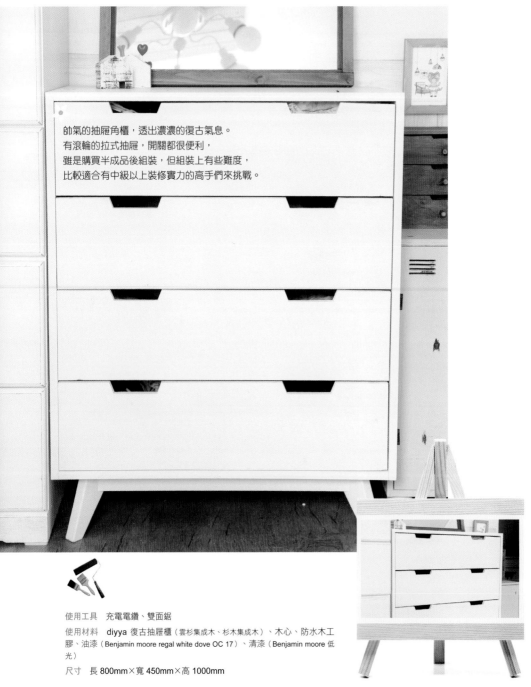

帥氣的抽屜角櫃，透出濃濃的復古氣息。
有滾輪的拉式抽屜，開關都很便利，
雖是購買半成品後組裝，但組裝上有些難度，
比較適合有中級以上裝修實力的高手們來挑戰。

使用工具　充電電鑽、雙面鋸
使用材料　diyya 復古抽屜櫃（雲杉集成木、杉木集成木）、木心、防水木工膠、油漆（Benjamin moore regal white dove OC 17）、清漆（Benjamin moore 低光）
尺寸　長 800mm×寬 450mm×高 1000mm

**1** 購入 diyya 復古抽屜櫃半成品後,用較細的砂紙先將材料拋光。

**TIP** 半成品的主體為雲杉集成木、抽屜為杉木集成木、背板則為合成木板。

**2** 用螺絲釘將背板的四角進行組裝,

**3** 再組合兩側有滾輪的部分,

**4** 製作抽屜時,角角部分須用防水木工膠黏著後,再以釘槍固定。

**5** 先組裝背面、兩側,最後再裝上正面。

**6** 完成散發出淡淡杉木香氣的抽屜。

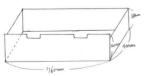

7 在抽屜底部裝上滾輪。

8 於抽屜正面塗上防水木工膠。

9 正面內側加上一層雲杉集成木，從內側以螺絲釘固定。

10 重複步驟 7－9 來完成四個抽屜。

11 完成抽屜之後須將最上面的木板固定，也和底部一樣牢牢固定四角。

12 用雙面鋸切斷木心來修飾有螺絲的地方。

**13** 完成復古抽屜櫃主體的面貌。

**14** 組合櫃腳。

**15** 用螺絲釘固定由支撐架連結的櫃腳。

**16** 最後漆上兩次油漆（Benjamin moore regal white dove OC 17）與兩次清漆（Benjamin moore 低光）就大功告成了。

**TIP**
由於是購入半成品須好好組裝，有滾輪的拉式抽屜雖然使用起來很方便，但組裝時需要費點心思，一層一層裝上滾輪會讓組裝作業輕鬆許多。主體組裝完成後再裝上櫃腳，此時若先塗上防水木工膠再固定櫃腳的話，則可完成相當牢固的復古抽屜櫃。

# 014

# 奢華又古典的
# 化妝檯組翻修

Awake N
Blow on
Let my l

結婚紀念日時老公送我的化妝檯，
是個古典又有美感的化妝檯，
但看膩了原本的胡桃色，決定改造成純白色，
椅子則刻意用碎裂花紋的感覺來製造出復古樣式。

使用工具　形染拓刷筆、油漆刷、砂紙 220 號

使用材料　dinodeco 楓木椅、油漆（Benjamin moore natura white dove OC 17、
deep space 2125-20）、超強力清漆（Benjamin moore）、模板圖案、裂紋劑

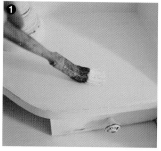

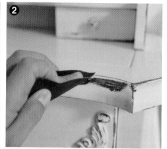

**1** 將化妝檯整體擦拭乾淨後，塗上兩次超強力清漆（Benjamin moore），再塗兩次油漆（Benjamin moore natura white dove OC 17）。

**2** 用砂紙 220 號把四角磨出復古風。

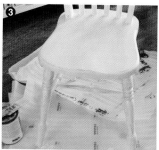

**3** 把 dinodeco 楓木椅塗上兩次超強力清漆（Benjamin moore）。

**4** 擦上底色油漆（Benjamin moore deep space 2125-20）。

**5** 油漆全乾後，再塗上裂紋劑。

**6** 再塗上兩層以上的表面色油漆（Benjamin moore natura white dove OC 17）。

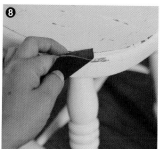

**7** 用模板字來加強椅背重點。

**8** 再用砂紙拋光椅子四角，突顯復古感。

**TIP** 須等到裂紋劑完全乾燥後（3～4 小時），再漆表面色，才能擁有漂亮的裂紋效果。

# 015

# 用杉木木板打造的
# 床頭板

新婚時跟衣櫥一起購入的床鋪！隨著時間的過去樣式漸漸退了流行，
似乎也與臥室的氣氛不太搭，
不如試著購買舒服的原木木板，
動手製作自然簡單的白色基底床頭板。

before

使用工具　電動釘槍、充電電鑽、油漆刷、尖嘴鉗

使用材料　美國松角材（長 30mm×寬 45mm）、杉木集成木板（厚 9mm×寬
100mm×長 770mm）、油漆（Benjamin moore ben cloud white 967）、角鐵、補
強扁鐵、錫製掛牌、塞法戴克斯 PL50 黏著劑

尺寸　長 1620mm×寬 820mm

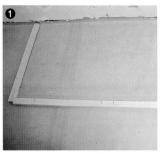

**1** 用美國松角材（長 30mm×寬 45mm）作出符合床頭大小的床頭板邊框。

**2** 以防水木工膠來黏角材相連接的部分。

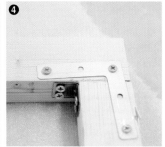

**3** 用螺絲釘來固定連接部分的內側合頁。

**4** 再以螺絲釘固定補強扁鐵，打造牢固的邊框。

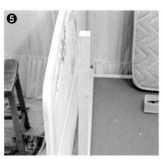

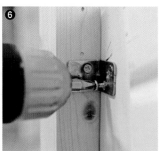

**5** 將完成好的框架放置床頭。

**6** 用角鐵將新的床頭板與床頭固定。

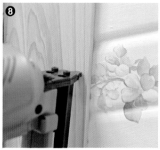

**7** 均勻地將塞法戴克斯 PL50 黏著劑塗於杉木集成木板（厚 9mm×寬 100mm×長 770mm）。

**8** 將木板一一貼上床頭，再用釘槍固定。

**9** 為了讓杉木集成木板（厚 9mm×寬 100mm×長 770mm）在黏貼時有適度的空間，可插入小紙卡來調整間距。

**10** 有適度間距的杉木集成木板成品。

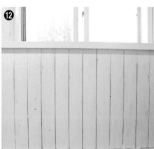

**11** 整體漆上兩次油漆（Benjamin moore ben cloud white 967）。

**12** 等第一回油漆乾燥後，再進行第二次上色。

**13** 用砂紙 220 號將床頭板擦拭一遍。

**14** 將錫製掛牌裝飾於中央。

**15** 變身濃濃鄉村風的床頭板。

**TIP** 若使用原木木板，木板會因溫度變化而有熱脹冷縮的現象，須抓好一定間距後再固定木板，可用間隔材料或小紙卡來調整間距。

# 016

# 動手 DIY 改造的
# 壁櫃及衣櫥翻修

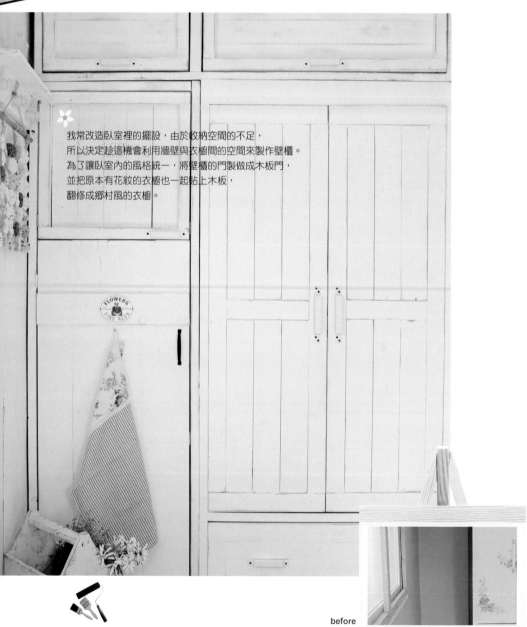

我常改造臥室裡的擺設，由於收納空間的不足，
所以決定趁這機會利用牆壁與衣櫥間的空間來製作壁櫃。
為了讓臥室內的風格統一，將壁櫃的門製做成木板門，
並把原本有花紋的衣櫥也一起貼上木板，
翻修成鄉村風的衣櫥。

before

使用工具　充電電鑽、電動釘槍、線鋸機、尖嘴鉗、釘槍
使用材料　角材（厚 25mm×寬 40mm）、美國松木木板（厚 4.8mm×寬
100mm、厚 9mm×寬 100mm）、防水木工膠、手把、合頁、油漆（Benjamin
moore ben cloud white 967）、木棒

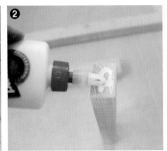

**1** 用角材（厚 25mm×寬 40mm）組合成天花板與衣櫥間的空間邊框。
**2** 用防水木工膠連結角材。

**3** 用比角材（厚 25mm×寬 40mm）長 0.8 倍左右的螺絲釘牢牢地固定。
**4** 把組合好的邊框放置於天花板及衣櫥上方，以螺絲釘固定。

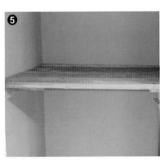
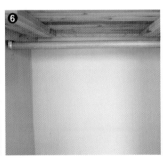

**5** 放置好牆壁與衣櫥間的木板支架後，加以製做成木製置物架。
**6** 在置物架下方設置鐵製支撐架後，放入木棒。

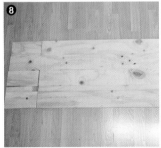

**7** 完成框架、置物架、及木棒衣架作業後，準備製作壁櫃門扇。
**8** 準備美國松木木板（厚 9mm×寬 100mm），組合成壁櫃門扇的大小。

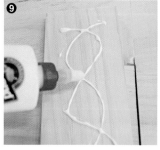

**9** 均勻地將防水木工膠塗於美國松木木板（厚 9mm×寬 100mm）上。

**10** 另外用木板橫向放置於門扇上下，以電動釘槍固定。

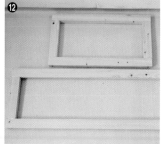

**11** 將組合好的門扇直立放置，檢查是否穩固。

**12** 用角材（厚 25mm×寬 40mm）來製作靠近天花板的壁櫃門扇外框，以螺絲釘組合固定。

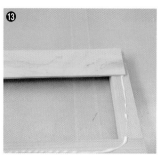

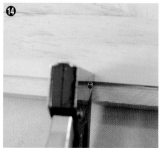

**13** 四邊塗上防水木工膠後，貼上美國松木木板（厚 4.8mm×寬 100mm）。

**14** 用手動釘槍固定木板。

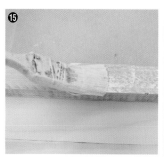

**15** 塗上兩次油漆（Benjamin moore ben cloud white 967）

**TIP** 以相同的方式將壁櫥上色。

**16** 將手把固定於門扇後，再固定於壁櫃。

**17** 將組裝好的木板門裝上壁櫃。

**18** 進行黏貼衣櫥木板作業之前，須先將手把拆除。

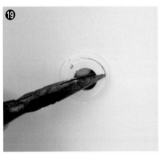

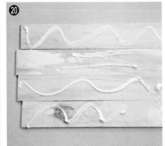

**19** 用尖嘴鉗來卸除衣櫃不需要的鉤環。

**20** 將防水木工膠均勻地塗於美國松木木板（厚 4.8mm×寬 100mm）。

**21** 先用木板（厚 4.8mm×寬 100mm）將門扇四周框出後，以電動釘槍固定。

**22** 再依序將內部填滿（厚 4.8mm×寬 100mm），均以電動釘槍固定。

**23** 上兩次油漆。

**24** 最後安裝具有懷舊風格的衣櫥手把。

# 017

# 可變換臥室氣氛的
# 相框小物品

裝修後剩下的零碎木頭及角材，
也能成為有趣生活小物，
用可愛的圖片及木材來製作跳脫空間的北歐風相框，
更增添臥室不同的色彩。

使用工具　鋸子、砂紙 220 號、口紅膠
使用材料　杉木木板（長 120mm×寬 18mm×高 180mm 三個）、復古圖片

**1** 準備好彩色的復古圖片。

**2** 杉木木板（長 120mm×寬 18mm×高 180mm 三個）裁切成相框的尺寸。

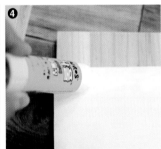

**3** 用 220 號砂紙將木頭四角稍微拋光。

**4** 在預先準備好的圖片背面均勻塗上口紅膠。

**5** 把圖片整齊地黏貼於木板上。

**TIP** 此為超簡單的剩餘木材活用法。

**TIP** 若沒有復古圖片，也可用印花布料代替。

# 018

# 古典懷舊風格的
# 簡易抽屜盒

由於是以半成品來組裝，只要熟記組裝方式，就可快速製作出抽屜盒。
可擺放可愛的物品來裝飾架子。
利用鋸子及蠟燭來點綴重點，避免過於單調，
成品體積不大，可隨心所欲地擺放在任何地方。

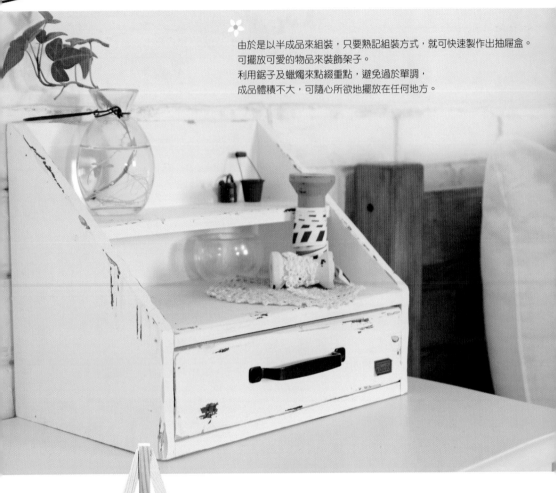

使用工具　充電電鑽、電動釘槍、Multi 2 PRO、220 號砂紙、海綿

使用材料　diyya 雙層架抽屜盒（杉木集成木）、油漆（Benjamin moore natura white dove OC 17）、著色劑（Bondex 水性著色劑懷舊褐）、防水木工膠

尺寸　長 280mm×寬 300mm×高 250mm

**1** 用 220 號砂紙將 diyya 雙層架抽屜盒半成品拋光。
**2** 先組合抽屜。

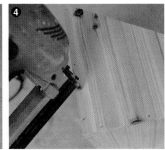

**3** 在連接木頭的地方塗上防水木工膠。
**4** 以釘槍固定架子。
**TIP** 若沒有釘槍也可用鐵鎚跟釘子固定。

**5** 固定好中間架子後，完成組裝。
**6** 用鋸子適當的磨出復古造型。

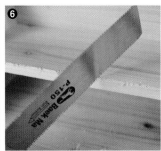

**7** 底色用海綿沾著色劑（Bondex 水性著色劑懷舊褐）上色。
**8** 再漆上兩次油漆（Benjamin moore natura white dove OC 17）
**TIP** 漆上油漆後，會不知到哪裡塗過蠟燭，因此塗過蠟燭的地方盡量漆薄一點的油漆作為區分，這樣之後才好讓顏色脫落。

# 019

# 營造出北歐居家風格的
# 自然原木擺飾架

長久裝修下來，架子的製作對我來說不是件難事，
如果目前家中是使用ㄴ型鐵製或木製架子的話，
不妨可以改造成有北歐居家感覺的簡單擺飾架。

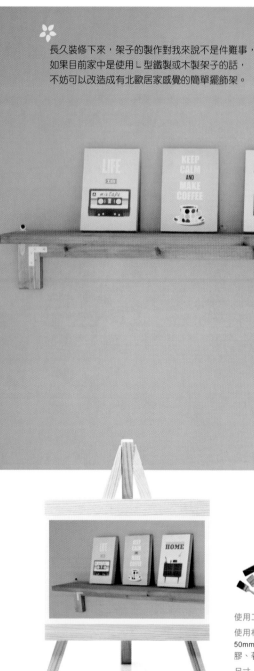

使用工具　手動釘槍、夾鉗、充電電鑽、海綿

使用材料　杉木集成木（厚 18mm×寬 120mm×長 1130mm 一個、厚 18mm×寬
50mm×長 100mm 兩個、厚 18mm×寬 35mm×長 1030mm 一個）、防水木工
膠、著色劑（Bondex 油性著色劑樺樹）、ㄴ型補強扁鐵、相框環

尺寸　長 1130mm×寬 120mm×高 120mm

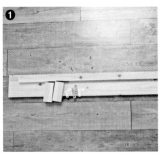

**1** 準備裁切好的杉木集成木（厚18mm）。

**2** 用海綿沾取適量（Bondex 油性著色劑樺樹），仔細將木板擦拭一遍。

**3** 防水木工膠塗抹架子中間的支撐板（厚 18mm×寬 35mm×長1030mm）。

**4** 兩個小的支撐板黏於外（厚18mm×寬 50mm×長 100mm），組裝成ㄴ型後，以釘槍加強固定。

**5** 以ㄴ型的補強扁鐵再次固定。

**6** 將擺飾架的木板（厚 18mm×寬120mm×長 1130mm）黏於支撐板上，

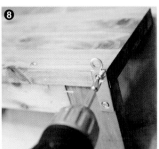

**7** 用螺絲釘固定相連部分。

**8** 再拴上相框環後完成作品。

TIP 若將木板先上過著色劑，可使組裝擺飾架的作業更加輕鬆。

—

# 第二章

# 小孩房

## 乾淨整齊又甜美的女兒房 VS
## 散發淡淡杉木香氣的兒子房

我動手製做了女兒房的衣櫃,並改裝了其他既有的家具,讓房間有不同的感覺。由杉木製作的寬敞書桌成為女兒最喜歡的空間,希望她能在這裡找到屬於自己的夢想及未來。

兒子的房間我用杉木組合板及杉木木板來製做家具,打造舒適放鬆的休息環境。希望對情感豐富的兒子來說,是能幫助他提升集中力的空間。

# 培養集中力的
# 女兒房牆面裝飾

對孩子們的讀書房來說，提升集中力是很重要的。
刻意把隔板製作成門型掛於牆面，
因使用的是杉木，有森林浴的效果，
也能提高集中力，成為孩子們最棒的讀書空間。

before

使用工具　圓形鋸、充電電鑽、鐵槌、釘子
使用材料　美國松木合板（厚 4.8mm×寬 100mm）、美國松角材（厚 40mm×
寬 40mm）、杉木木板（厚 12mm×寬 150mm）、著色劑（Bondex 水性著色劑橡
樹）、合頁

**1** 用美國松角材（厚 40mm×寬 40mm）製作成支架，用螺絲釘固定。

**2** 用釘子將美國松木合板（厚 4.8mm×寬 100mm）固定於步驟 1 的支架上。

**3** 用鐵鎚乾淨俐落地將釘子釘入。

**4** 釘好的整體牆面。

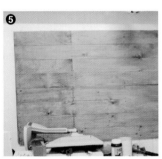

**5** 漆上兩次著色劑（Bondex 水性著色劑橡樹）。

**6** 用杉木木板（厚 12mm×寬 150mm）製作成門型隔板，以合頁加以固定。

**7** 再用杉木木板製作方型架子，固定於牆面。

**TIP**

此次用美國角材製做成支架來遮蔽原有的窗戶，使得支架的製作相當重要，建議使用長 80mm 左右的螺絲釘將角材直接固定於牆面。

# 021

# 整齊乾淨的
# 手作牆面裝飾

將原本的牆面重新進行簡單又方便的手作牆面作業，
不須在乎原本壁紙的種類，可直接用橡皮刮刀進行手作牆面，
牆面作業結束後，只需一天的時間即可凝固，
各位須注意最後一定要塗上油漆，因原本單純的手作牆面容易累積灰塵，清潔不
易。
以白色為底的牆壁很適合乾淨整齊的女兒房，
牆壁若乾淨簡潔，也可提升注意力。

before

使用工具　橡皮刮刀

使用材料　補土（light）15kg、油漆（Benjamin moore natura white dove OC 17）

**1** 使用橡皮刮刀直接把補土以"人"字型,塗抹於壁紙上。

**2** 若不易乾燥,可使用吹風機加速乾燥。

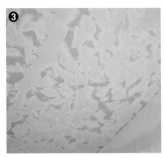 

**3** 天花板則可隨意地塗抹。

**TIP** 請使用梯子來塗抹較高的地方。

**4** 用油漆(Benjamin moore natura white dove OC 17)將整體房間上色兩次。

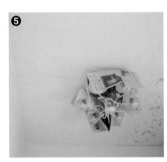 

**5** 天花板也上色兩次。

**6** 完成乾淨明亮的女兒房。

# 022

# 重現鄉村農家玄關門的
# 女兒房房門

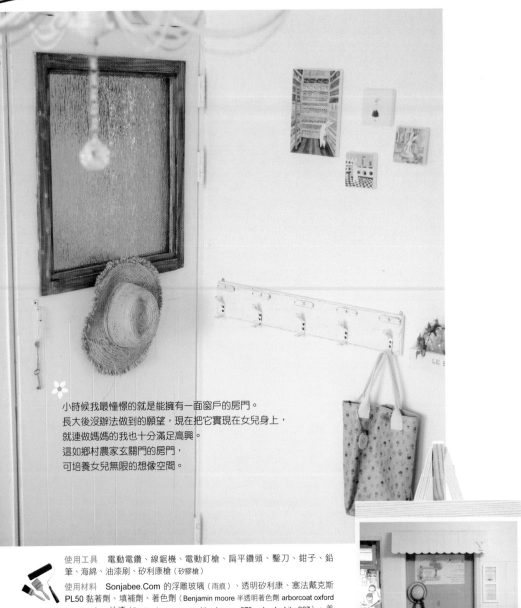

小時候我最憧憬的就是能擁有一面窗戶的房門。
長大後沒辦法做到的願望，現在把它實現在女兒身上，
就連做媽媽的我也十分滿足高興。
這如鄉村農家玄關門的房門，
可培養女兒無限的想像空間。

before

使用工具　電動電鑽、線鋸機、電動釘槍、扁平鑽頭、鑿刀、鉗子、鉛
筆、海綿、油漆刷、矽利康槍（矽膠槍）

使用材料　Sonjabee.Com 的浮雕玻璃（雨痕）、透明矽利康、塞法戴克斯
PL50 黏著劑、填補劑、著色劑（Benjamin moore 半透明著色劑 arborcoat oxford
brown 70）、油漆（Benjamin moore regal iced green 673、cloud white 967）、美
國松集成木（厚 4.8mm×寬 100mm×長 1800mm 十六個）、窗戶邊框（正
面）－美國松集成木木板（厚 15mm×寬 40mm×長 545mm 兩個、寬 40mm×長
655mm 兩個、寬 20mm×長 545mm 兩個、寬 20mm×長 595mm 兩個）、木板
（背面）－（厚15mm×寬 40mm×長 690mm 兩個、寬 40mm×長 580mm 兩個、寬
20mm×長 580mm 兩個、寬20mm×長 640mm 兩個）、比窗戶邊框窄的木條
（厚 15mm×長 575mm 兩個、厚 15mm×長 580mm 兩個）

尺寸　玻璃窗－長 530mm×寬 655mm、房門－長 830mm×寬 2030mm

**1** 用鑿刀跟鉗子將黏貼於房門的木板拆下來。

**2** 卸下房門的合頁螺絲釘。

**3** 將房門放於地板，用鉛筆標示想要的玻璃窗大小。

**4** 將扁平鑽頭裝於電動電鑽，在所標示的四角上鑽洞。

**TIP** 鑽洞須貫穿房門前後。

**5** 將線鋸機的刀刃放於洞孔後，依照鉛筆線裁切。

**6** 為了做出玻璃窗的木板，用防水木工膠將木板條相連結。

**7** 以電動釘槍固定。

**8** 製作成兩個可相連、兩個寬度較寬的木板條。

**9** 以ㄴ字樣組裝後安裝於房門上。

**10** 以電動釘槍固定。

**11** 將房門翻面後，在內側加一層木板條。

**12** 在正面加一層木板條。

**TIP** 裡外都以相同的方式製作ㄴ字樣木板條的固定作業。

**13** 將房門立起來確認內外的樣式（照片中為房內這面）。

**14** 把房門再次放於地板後，用美國松集成木（厚 4.8mm×寬 100mm），先貼窗邊。

**15** 窗邊完成後，也將房門其他地方以（厚 4.8mm×寬 100mm）木板貼滿。

**16** 用防水木工膠及釘槍來完成黏貼木板的作業。

**17** 以填補劑仔細地填補窗邊的釘槍凹洞。

**18** 用海綿沾著色劑（Benjamin moore 半透明著色劑 arborcoat oxford brown 70）將窗邊及房門整體上色一次。

**19** 等待著色劑乾燥後，漆兩次油漆
（Benjamin moore regal iced green 673）。

**20** 把適合孩子房的木頭標示貼於門
前。

**21** 用螺絲釘將手把固定於房門內部。

**22** 放置玻璃窗前的房門成品面貌。

**23** 安裝玻璃窗前，須準備較細的木條
及透明矽利康。

**24** 把透明矽利康均勻地塗抹於房門內
側的窗縫。

**25** 將玻璃放置於窗框內。

**26** 再用透明矽利康從玻璃上方，隨著
四邊塗抹一圈，並以較細的木條固定。

**27** 為了增加木條的穩定度，以電動釘
槍加強固定。

# 可愛又女性化的
# 女兒房燈飾

❋ Lucy6 頭燈是款相當優雅女性的燈飾，
水晶吊飾更增添可愛的氣息，
跟白色天花板很搭的 Lucy6 頭燈適合當女兒房的重點裝飾。

使用工具　充電電鑽、老虎鉗、黑色絕緣膠帶
使用材料　空間照明 Lucy6 頭燈、杉木組合板（厚 10mm×寬 100mm）

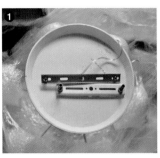

**1** 將 Lucy6 頭燈的基底與主體分離。

**2** 在杉木組合板（厚 10mm×寬 100mm）中間打洞讓線可穿過，再用電鑽將它固定於天花板。

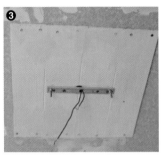

**3** 拉出燈飾的電線後，以螺絲釘固定燈飾底座。

**4** 用老虎鉗把 Lucy6 頭燈跟主要電線相連，用黑色絕緣膠帶包裹。

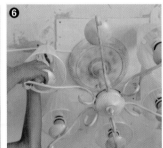

**5** 再把 Lucy6 頭燈與底座連接。

**6** 裝上燈照及燈泡。

**7** Lucy6 頭燈讓氣氛頓時改變。

**8** 最後掛上水晶吊飾就大功告成。

# 024

# 隱隱散發杉木香氣的
# 女兒房書桌

淺咖啡的橡色書桌很適合與白色基底的房間做搭配，
大空間的書桌也可進行多用途的使用。

使用工具　電鑽

使用材料　Papa 樹 DIY 用途桌、著色劑（Deft Wood 著色劑 medium oak）、
油漆（Benjamin moore natura white dove OC 17）、清漆（Benjamin moore 低光）

尺寸　長 1700mm×寬 650mm×高 735mm

**1** 用細砂紙將長 1700mm×寬 650mm×高 735mm 的用途桌半成品表面拋光。

**2** 將著色劑（Deft Wood 著色劑 medium oak）塗於表層兩次。

**3** 等到乾燥後再塗兩次清漆（Benjamin moore 低光）。

**4** 桌腳則塗上油漆（Benjamin moore natura white dove OC 17）兩次。

 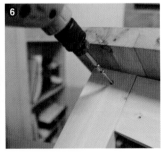

**5** 油漆乾燥後，塗上兩次清漆（Benjamin moore 低光）。

**6** 將桌腳與桌面以螺絲釘連結。

# 025

# 可多用途使用的
# 書櫃

這六格書櫃有許多不同的用途，
最底層的掀式可收納許多物品，
上面兩層也可放置書本及各種擺飾，一舉兩得。

使用工具　充電電鑽、釘槍、細砂紙
使用材料　diyya 復古書櫃、防水木工膠、著色劑（Benjamin moore 半透明著
色劑 arborcoat white dove OC 17）、清漆（Benjamin moore 低光）
尺寸　長 830mm×寬 300mm×高 1000mm

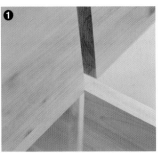

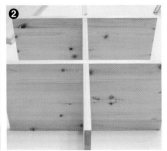

**1** 用細砂紙將半成品的復古書櫃拋光，並進行組裝。
**2** 完成中間支架部分。

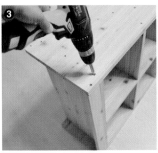

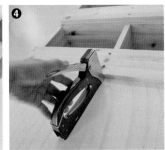

**3** 固定四邊後完成主體。
**4** 背面底部以釘槍固定。

**5** 為了讓書本不會往後掉，以杉木木板固定於背面上方。
**6** 以合頁組合門扇。

**7** 塗上兩次著色劑（Benjamin moore 半透明著色劑 arborcoat white dove OC 17）。
**8** 最後以清漆（Benjamin moore 低光）結束作業。

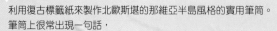

# 026

# 用標籤紙製作屬於斯堪的那維亞半島風格的
# 北歐筆筒

利用復古標籤紙來製作北歐斯堪的那維亞半島風格的實用筆筒。
筆筒上很常出現一句話，
"保持冷靜，繼續前進"，
這句話是從 1939 年第二次世界大戰開始的，當納粹進攻英國，
邱吉爾首相傳達安慰民心的海報標語，
為英國政府製作的海報標語中最有名的句子，
但都未被別人公開，直到 2000 年在英國的舊書店被發現後，
這個標語才被全世界的人知道。

使用工具　鐵鎚、釘子、油漆刷、海綿、220 號砂紙

使用材料　applecountry 杉木筆筒兩個、著色劑（Benjamin moore 半透明著色劑 arborcoat oxford brown 70）、applecountry mother's vintage 顏料（hawaiian blue、mustard）、北歐風標籤（Lucydiamond 產品）

尺寸　長 100mm×寬 100mm

**1** 先將準備製作成北歐風標籤筆筒的材料準備好。

**2** 用海綿沾底色的著色劑（Benjamin moore 半透明著色劑 arborcoat oxford brown 70）幫杉木筆筒上色。

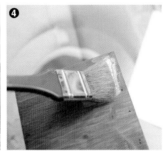

**3** 等待著色劑乾燥。

**4** 表面色使用 applecountry mother's vintage 顏料（hawaiian blue、mustard），上色兩次。

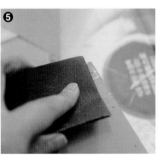

**5** 等顏料乾燥後，用 220 號砂紙將筆筒邊邊拋光。

**6** 依照孩子的喜好，製作出不同顏色的筆筒。

**7** 貼上北歐風標籤（Lucydiamond 產品），用鐵釘固定。

**8** 不同標籤及色彩的北歐風杉木筆筒，完成。

# 027

# 可輕易動手製作的
# 偽壁櫃牆

由美國松角材作骨架，加上美國松組合板所組裝而成的壁櫃假牆，
上半部以組合板為主，不用傳統的門扇，而是以簾子作為壁櫃的門。
以組合板裝飾牆壁的作業簡單又方便，
是個可收納家中不常使用物品或雜物的多用途壁櫃。

使用工具　圓形鋸、電動釘槍、充電電鑽、220 號砂紙、補土、橡皮刮
刀、油漆刷、鐵鎚
使用材料　美國松角材（厚 40mm×寬 40mm）、合板、美國松組合板（厚
10mm×寬 100mm）、清漆（Benjamin moore 低光）、Papa 樹兒童夢想組
合、油漆（Benjamin moore natura white dove OC 17）
尺寸　長 1700mm×寬 900mm×高 1500mm

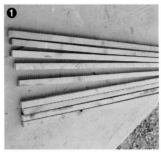
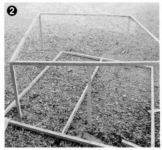

**1** 將美國松角材用圓形鋸裁切成長 1700mm×寬 900mm×高 1500mm。
**2** 用螺絲釘組裝角材。

**3** 將步驟 2 組裝好的角材搬進房內，以螺絲釘固定於牆面。
**4** 將合板擺於上層後固定。

**5** 旁邊則用美國松組合板（厚10mm×寬 100mm）以釘槍固定。
**6** 以鐵鎚將突出的釘針敲平，再用220 號砂紙拋光。

**7** 完成偽壁櫥牆後，在旁邊組裝 Papa 樹兒童夢想組合，並塗上清漆（Benjamin moore 低光）。
**8** 於牆壁塗抹補土後等待乾燥，再漆上一層油漆（Benjamin moore natura white dove OC 17）。

# 028

# 具有森林浴效果的
# 兒子房牆面裝飾

以美國松角材為骨架,再釘上杉木組合板,
讓杉木的香氣隱隱散發,
木頭產生的芬多精讓人有森林浴的作用,
來完成充滿香氣的男孩房間。

使用工具　圓形鋸、線鋸機、電動釘槍、充電電鑽

使用材料　杉木組合板(厚 10mm×寬 100mm)、合板(厚 12mm)、美國松
角材(厚 30mm×寬 30mm)、著色劑(Bondex 水性著色劑橡樹)

尺寸　長 1700mm×寬 1500mm

**1** 將落地窗擦拭乾淨。

**2** 為了固定組合板,須先在玻璃窗四周固定美國松角材(厚 30mm×寬 30mm)作為骨架。

**3** 將杉木組合板(厚 10mm×寬 100mm)一一固定於角材上,交會點以釘槍固定。

**4** 用木材釘滿有玻璃窗的牆面。

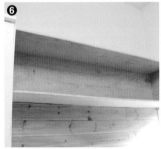

**5** 用線鋸機裁切合板(厚 12mm)。

**6** 將合板製作成架子,以防水木工膠黏合再以螺絲釘固定。

**7** 將杉木組合板及合板用著色劑(Bondex 水性著色劑橡樹)上色兩次。

**8** 完成可進行森林浴的杉木組合板房間。

# 充滿自然純樸感的
# 原木書桌

為了減少眼睛的疲勞及提高孩子的集中力，
選擇自然的原木板書桌，
為了讓木紋能明顯呈現，
而上了一層自然的著色劑。

before

使用工具　海綿、塑膠容器
使用材料　雲杉集成木（厚 25mm×長 1530mm×寬 560mm 一層）、著色劑
（True Tone natural wood stain dark walnut）

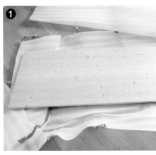

**1** 訂購裁切好的雲杉集成木（厚25mm×長1530mm×寬560mm）。

**2** 將著色劑（True Tone natural wood stain dark walnut）倒入塑膠容器中。

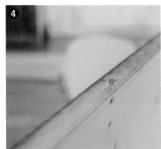

**3** 用棉花沾取並將木板上色三次。

**4** 四邊的部分也需要上色。

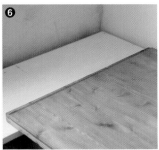

**5** 將完成的雲杉木板如連接般放置於書櫃及書桌上。

**6** 為了讓木板不移動，緊密地靠著牆面。

# 030

# 收納滿分的
# 掛衣架

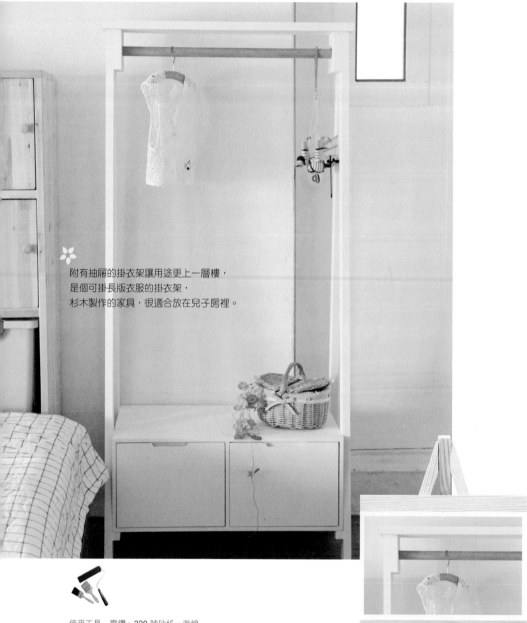

附有抽屜的掛衣架讓用途更上一層樓，
是個可掛長版衣服的掛衣架，
杉木製作的家具，很適合放在兒子房裡。

使用工具　電鑽、220 號砂紙、海綿

使用材料　diyya 抽屜式掛衣架、油漆（Benjamin moore natura white dove OC 17）、著色劑（Bondex 水性著色劑樺樹）、防水木工膠

尺寸　長 800mm×寬 350mm×高 1600mm

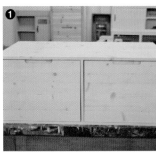

**1** 用 220 號砂紙將購買的 diyya 抽屜式掛衣架半成品拋光。

**2** 開始組裝高 1600mm 的 A 字型掛衣架。

**3** 上兩次油漆（Benjamin moore natura white dove OC 17）。

**4** 木棒則用海綿上兩次著色劑（Bondex 水性著色劑樺樹）。

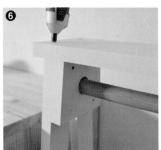

**5** 完成油漆後，用螺絲釘將底部的抽屜固定。

**6** 放入木棒後，最後再蓋上頂部，以螺絲釘栓緊。

# 031

# 歐洲式的
# 學生木座椅

充滿希臘聖托里尼香氣的蔚藍色，
希望學生們的夢想也如海洋般寬闊、自由。

使用工具　充電電鑽、220 號砂紙

使用材料　feelwell nature 原木 DIY 靠式木椅、油漆（Benjamin moore natura brilliant blue 2065-30）、防水木工膠

尺寸　長 380mm×寬 418mm×高 831mm

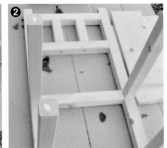

**1** 用 220 號砂紙將 feelwell nature 原木 DIY 靠式木椅半成品拋光。

**2** 將椅背部分放置於地面,以防水木工膠連結後再釘牢。

**3** 中間連接部分也是先以防水木工膠連結後再從正面釘牢。

**4** 組合椅子本體後,塗上防水木工膠,再釘上椅墊。

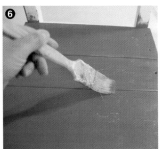

**5** 整體完成組裝的面貌。

**6** 最後上兩次油漆(Benjamin moore natura brilliant blue 2065-30)。

---

**TIP**

由於是購入半成品,組裝的功力就變得相當重要,特別是連結椅背及正面椅腳時,這時若有人可以幫忙協助固定的話事半功倍;若獨自一人的話就必須左手握緊中央的連接部分,右手拿著電鑽來固定螺絲釘。程度若有中級以上的實力,則可用木心來修飾釘螺絲釘的凹陷部位,讓整體看起來更加清爽。

# 032

# 收納的好幫手
# 木製大箱

特別訂製作成合乎椅子大小的木製收納箱，
用來擺放收納換季的衣物，
底部若裝上輪子就可輕鬆地收、放衣物。

使用工具　圓形鋸、充電電鑽、電動釘槍、形染拓刷筆

使用材料　杉木集成木木板（厚 15mm×寬 150mm）、美國松角材（厚 30mm×寬 30mm）、防水木工膠、著色劑（Bondex 橡樹）、模版圖案、手把、皮包鉤環、合頁

尺寸　長 680mm×寬 320mm×高 340mm

**1** 將杉木集成木木板（厚 15mm×寬 150mm）裁切成 680mm、300mm，美國松角材（厚 30mm×寬 30mm）裁切成 30mm。

**2** 先以美國松角材側邊的骨架，在上面釘杉木集成木木板。

**3** 用防水木工膠及釘槍固定。

**4** 把完成的側邊部分放置兩旁，正面的部分重覆步驟 3，以相同的方式固定。

**5** 製作 680mm×320mm 的蓋子，以合頁固定於上方。

**6** 為了製造出行李箱的感覺，將蓋子及正面加上美國松角材。

**7** 塗上兩層著色劑（Bondex 橡樹），拿出模版圖案，以形染拓刷筆將圖案刷上箱子。

**8** 裝上手把及皮包鉤環。

# 033

# 可直接感受到自然杉木紋路的
# A4 紙收納箱

能直接感受到自然杉木紋路的 A4 紙收納箱，
可裝孩子們影印會使用到的 A4 紙張，
也可堆疊做收納，增加使用的效果。

使用工具　圓形鋸、線鋸機、電動釘槍、鐵槌、鐵釘、鉛筆、防水木工膠

使用材料　側面、底部－杉木集成木木板（厚 15mm×寬 80mm×長 330mm）
五個、正面－杉木集成木木板（厚 15mm×寬 60mm×長 210mm）一個、背
面－杉木集成木木板（厚 15mm×寬 8mm×長 210mm）、粗糙木材、著色劑
（Bondex 橡樹）、清漆（Benjamin moore 低光）、防水木工膠、英文報紙、名
牌夾

尺寸　長 245mm×寬 330mm×高 210mm

**1** 用圓形鋸將杉木集成木木板（厚15mm×寬80mm）裁切成兩側、正面背面、底部，正面用線鋸機裁切凹槽後，暫時模擬組裝的樣子。

**2** 用著色劑（Bondex 橡樹）將底部三片的杉木集成木木板，上色一次。

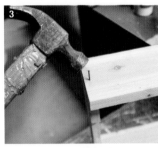 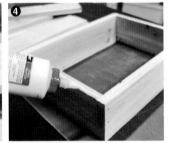

**3** 連接側邊及正面時，先塗抹防水木工膠後再以鐵釘固定。

**4** 底部也須塗上防水木工膠。

**5** 將步驟 2 漆過著色劑的木板放置於底部，以鐵釘固定。

**6** 用鉛筆標示出底部支撐木頭位置。

**7** 用防水木工膠塗抹粗糙木材後以釘槍固定，再漆上清漆（Benjamin moore 低光）。

**8** 黏貼英文報紙後，用鐵釘將名牌夾固定。

**TIP**
若想要製作可以堆疊的 A4 紙收納箱，那麼就必須仔細地測量尺寸，上下一致，除此之外不僅測量尺寸很重要，連底部的底座也須統一尺寸，這樣堆疊起來會更加美觀、統一。

# 034

# 可簡單動手做的
# 螢幕底座

可當螢幕底座及收納鍵盤，是一舉兩得的收納。
不僅能防止鍵盤累積灰塵，也能增加更多使用空間。

使用工具　圓形鋸、充電電鑽、電動釘槍、圓穴鋸、美工刀、海綿、砂紙
使用材料　杉木集成木木板（厚 15mm×寬 150mm）、合頁、角鐵、著色劑
（Bondex 水性著色劑樺樹）
尺寸　長 460mm×寬 240mm×高 80mm

**1** 將杉木集成木木板（厚 15mm×寬 150mm）裁切成使用大小後，以圓穴鋸挖洞，以砂紙仔細拋光缺口。

**2** 以防水木工膠黏貼上層及支撐腳。

**3** 在內側固定角鐵。

**4** 外側則以釘槍固定。

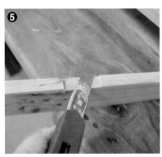
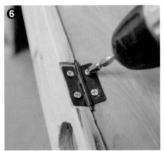

**5** 用美工刀削出合頁大小的凹洞。

**6** 在內側裝上合頁。

**7** 由於合頁安裝於內側，外表利落。

**8** 用海綿沾著色劑（Bondex 水性著色劑樺樹）上色兩次。

# 035

# 兼具現代及摩登感的
# 燈泡燈

請各位拋棄兒子房內擺設一定是呆版的老舊觀念，
將原本的燈更換成簡單又新潮的燈飾，
長長垂下的電線可提供充足的光線。

使用工具　充電電鑽、老虎鉗、黑色絕緣膠帶

使用材料　空間照明 7 頭燈、美國松木板（厚 18mm×長 150mm×寬 150mm）

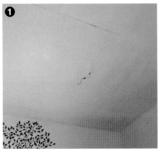

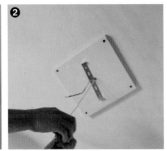

**1** 把原本天花板的燈卸除。

**2** 將美國松木板中間鑽洞固定於天花板，將燈飾骨架固定於木板上。

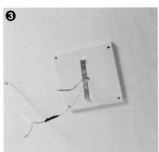

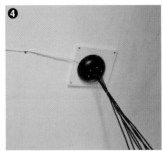

**3** 以老虎鉗連結電線後用黑色絕緣膠帶包裹。

**4** 連結 7 頭燈的底座。

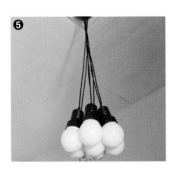

**5** 裝上燈泡後，完成。

第三章

—

# 廚房

## 樸素簡單又好照顧整理的廚房

以補土及油漆進行廚房牆面作業並安裝了抽油煙機,變身
為歐洲風廚房,冰箱及流理台依序排開,並在上方製作了
收納空間,我想在充滿復古及歐風的廚房裡做料理,應該
每天都樂此不疲。

# 036

# 自然純樸風的
# 白色廚房翻修

主婦最大的煩惱就是無法輕易改變流理台，
為了改造成平常最想要的白色基底廚房，
將流理台的所有櫃子貼上木板並漆成白色，
並把廚房的另一面牆漆成懷舊的藍色，
以凸顯出重點。

before

使用工具　充電電鑽、電動釘槍、油漆刷、220 號砂紙
使用材料　美國松合板（厚 9mm）、塞法戴克斯 PL50 黏著劑、油漆
（Benjamin moore ben cloud white 967、buxton blue HC 149）、Old Village
（sage-green）、原木手把、清漆（Benjamin moore 低光）、著色劑（True Tone
natural wood stain light oak）

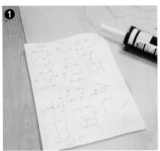 

**1** 為了用美國松組合板貼上流理台的門扇,先將圖面畫出來。

**2** 裁切好的美國松組合板用塞法戴克斯 PL50 黏著劑均勻塗後,貼於流理台各門扇。

**3** 用電動釘槍將四角部分固定。

**4** 主要黏貼作業結束後,邊邊再以美國松木板黏貼一圈。

**TIP** 塗抹防水木工膠後以電動釘槍固定。

**5** 準備好油漆(Benjamin moore ben cloud white 967)。

**6** 將整體流理台上色三次。

**7** 重點部分則漆上三次 Old Village
（sage-green）。

**8** 耐心等待油漆完全乾燥。

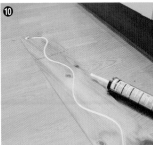

**9** 流理台的底部有櫻桃色的踢腳
板。

**10** 準備好美國松木板，塗上塞法
戴克斯 PL50 黏著劑。

**TIP** 在踢腳板上塗抹與松木板上
相同份量的防水木工膠。

**11** 將木板固定於踢腳板後以釘槍
加強穩固。

**12** 油漆乾燥後用 220 號砂紙將流
理台輕輕地拋光一次。

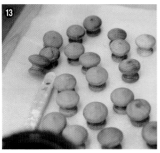

**13** 把原木手把也漆上著色劑（True Tone natural wood stain light oak），等待乾燥。

**14** 將手把裝上每個門扇後以螺絲釘固定。

**15** 表面漆使用清漆（Benjamin moore 低光），準備好油漆刷。

**16** 用清漆（Benjamin moore 低光）將流理台整體漆三次。

TIP 常使用的家具或流理台最好能多上幾次清漆。

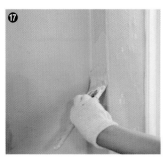

**17** 廚房牆壁用油漆（Benjamin moore ben buxton blue HC 149）漆兩次。

TIP 若是使用壁紙用油漆，不需撕除壁紙，直接將油漆塗於牆面。

**18** 等待油漆乾燥。

TIP 黏貼流理台門扇合板時，須比原本門扇小 1 公分左右，若是尺寸相同則不好開啟門扇，表面黏貼作業結束後也可由內調整合頁螺絲釘的鬆緊度，讓門更好開啟；在進行釘槍作業前，須確定木板塗抹防水木工膠，已黏貼牢固；因流理台直接接觸到許多食物及水份，清漆上色作業須比其他地方多 2～3 次。

# 能讓流理台保持乾淨的
# DIY 磁磚黏貼

磁磚隨著使用時間的過去會越來越髒亂，
原本的壁紙跟暗色磁磚讓廚房變的黯淡。
為了符合改裝後的流理台氣氛，
決定自己 DIY 黏貼磁磚來改變廚房氛圍，
改變後是否看起來比原本更寬敞呢？

before

使用工具　橡膠槌、橡皮刮刀、油漆刷、橡膠手套、濕抹布
使用材料　清漆（Benjamin moore 低光）、DIY 磁磚（奶油白）、磁磚填縫
劑、磁磚黏著劑（anipix7000）

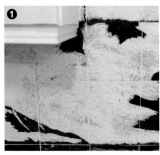

**1** 撕除廚房牆壁上的壁紙。

**2** 用橡皮刮刀把磁磚黏著劑均勻抹在牆壁上。

**TIP** 把黏著劑直接塗抹在廚房原有的磁磚上。

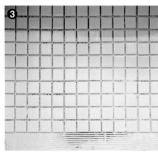

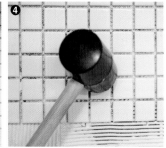

**3** 以固定方向，取好一定間距後DIY黏貼磁磚。

**4** 利用橡膠槌敲打突出的 DIY 磁磚，加以固定。

**5** 以相同的方法進行其他地方的磁磚作業。

**6** 準備好粉末型磁磚填縫劑。

7 將適量的粉末填縫劑倒入容器，加水稀釋後攪拌至牙膏般濃稠。

8 戴上橡膠手套後將攪拌好的磁磚填縫劑塗入磁磚縫中。

TIP 挖出拳頭般大小的磁磚填縫劑後，塗抹於磁磚上。

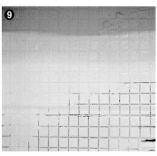

9 等待 30 分鐘後凝固。

10 利用濕抹布將磁磚上多餘的填縫劑擦掉。

11 等填縫劑乾燥凝固一天後，進行塗抹清漆（Benjamin moore 低光）的作業。

TIP 磁磚間的縫隙窄小，可利用小平刷塗抹清漆，增加作業效果。

TIP 磁磚填縫劑需要塗抹一定厚度，磁磚若未均勻黏貼，可以用橡膠槌敲打，增加黏著度。塗抹填縫劑三十分鐘後以濕抹布及乾抹布交替擦式多餘的填縫劑，等待凝固一天後以較小的平刷沾清漆塗抹上過填縫劑的地方，由於時間一長填縫劑會產生粉末，須確實地塗抹到每一個地方。

# 用太平洋鐵木集成木來
# 更換流理台台面

想動手更換退流行的流理台,是件很簡單的事。
可以美國松木板黏貼門扇,或是更換流理台桌面,
流理台桌面需要可抵抗水氣的強壯太平洋鐵木集成木,
經過著色劑與清漆的表面處理後,就可完成木質的專屬流理台。

使用工具　線鋸機、充電電鑽、海綿刷、不鏽鋼刮刀
使用材料　太平洋鐵木集成木(厚 18mm×寬 550mm×高 1350mm－左側一個、厚
18mm×寬 550mm×高 1010mm－右側一個)、角材(厚 40mm×寬 40mm×高
30mm)、杉木集成木木板(厚 10mm×寬 60mm×長 2390mm)、油漆(Benjamin
moore natura white dove OC 17)、著色劑(Benjamin moore 透明著色劑)、清漆
(Benjamin moore 低光)

**1** 用不鏽鋼刮刀將原本的磁磚清除。

**2** 把桌面整理乾淨。

**3** 裁切太平洋鐵木集成木成左側（厚 18mm×寬 550mm×高 1350mm）及右側（厚 18mm×寬 550mm×高 1010mm），使用線鋸機將木板挖洞，使木板能符合瓦斯爐的大小。

**4** 挖好的地方可剛好放置瓦斯爐。

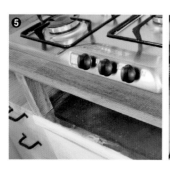

**5** 為了讓流理台可做有效的空間運用，以角材（厚 40mm×寬 40mm×高 150mm）做了支撐柱。

**6** 側邊及下面也都以角材固定。

**7** 裝上木門。

**8** 以著色劑（Benjamin moore 透明著色劑）上色三次、清漆（Benjamin moore 低光）兩次。

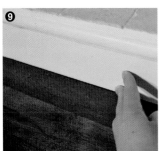

**9** 安裝好桌面後，以木板來整理未處理的其他流理台牆面。

**1 0** 裁切杉木集成木木板（厚 10mm×寬 60mm×高 2390mm）後以矽利康貼於桌面牆壁，再以油漆（Benjamin moore natura white dove OC 17）上色兩次。

**TIP** 此為常接觸到水份的地方，須塗上清漆（Benjamin moore 低光）保護。

# 039

# 可多用途運用的
# 冰箱上方收納空間

冰箱上方大家往往會堆放一些亂七八糟的物品，
不妨以美國松角材為骨架及門扇，
這麼一來就可有更多的空間運用，
也讓美國松組合板的使用價值大大提升。

使用工具　圓形鋸、充電電鑽、電動釘槍
使用材料　油漆（Benjamin moore natura white dove OC 17）、夾板（厚 10mm）、角材（厚 30mm×寬 30mm）、合頁、磁釦、手把、防水木工膠

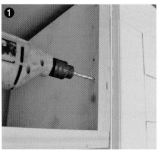

**1** 將角材（厚 30mm×寬 30mm）裁切符合冰箱上空間後，以螺絲釘固定。

**2** 以廚房中最高櫃子及天花板為基準所製作的木製骨架。

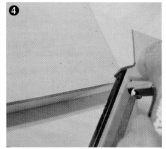

**3** 再來製作門扇，準備好夾板（厚10mm）及角材（厚 30mm×寬30mm）。

**4** 兩者以防水木工膠固定後再以釘槍加強。

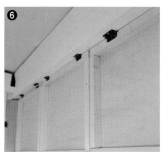

**5** 為符合冰箱上的空間，門扇大小會有所不同。

**6** 將合頁固定於門扇上。

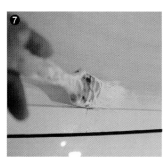

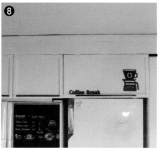

**7** 上兩層油漆（Benjamin moore natura white dove OC 17）。

**8** 加上手把及可愛立體圖片後大功告成。

# 040

# 擁有視覺享受的
# 拉門式廚房碗櫃

"拉門式的廚房碗櫃"總給人時光倒流的感覺，
拉門式的碗櫃不僅可活用廚房空間，也能收納許多廚房用品，
碗櫃左邊放置寬度較窄的木板，
也可有瀝水架的功用。

使用工具　圓形鋸、充電電鑽、兩用鑽頭、鑽頭、木製槌、海綿

使用材料　碗櫃上方的杉木集成木（厚 15mm×寬 270mm×長 1160mm 一個）、側邊的杉木集成木（厚 15mm×寬 270mm×長 430mm 兩個）、底部的杉木集成木（厚 15mm×寬 270mm×長 600mm 一個）、杉木集成木木板（厚 15mm×寬 45mm×長 570mm 五個）、製作門扇的杉木集成木（厚 15mm×寬 580mm×高 385mm 一個）、製作瀝水架的杉木集成木（厚 15mm×寬 200mm×長 585mm 一個）、牆面角材（厚 30mm×寬 60mm×長 1200mm 上下兩個、厚 30mm×寬 60mm×長 370mm 側面兩個）、拉門用柳安木角材（厚 10mm×寬 10mm×長 1160mm 四個）、油漆（Benjamin moore natura white dove OC 17）、著色劑（Benjamin moore 半透明著色劑 arborcoat oxford brown 70）、木心、木棒、夾子、可洗布料、防水木工膠、角鐵、手把、錫製掛牌

尺寸　長 1200mm×寬 275mm×高 435mm

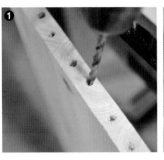

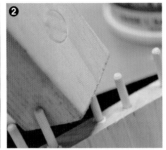

**1** 底部用杉木集成木木板（厚15mm×寬 270mm×長 600mm），在兩側以鑽頭鑽洞。

**2** 塗抹防水木工膠後放入木心固定。

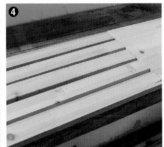

**3** 相連接的五個杉木集成木木板（厚 15mm×寬 270mm×長 600mm）也以步驟 2 進行連結。

**4** 步驟 1 及 3 連接後，碗櫃底部就完成了。

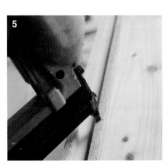

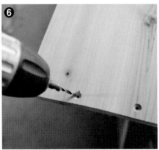

**5** 將四個拉門用柳安木角材（厚10mm×寬 10mm×長 1160mm）分為上下各兩個，間距 18mm，以釘槍固定。

**6** 側面的兩個杉木集成木（厚15mm×寬 270mm×長 430mm）用兩用鑽頭鑽洞。

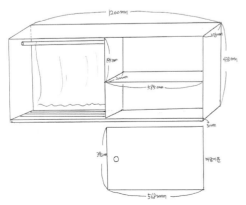

**7** 用螺絲釘栓緊底部及側邊木板。

**8** 先用螺絲釘將右側杉木集成木（厚 15mm×寬 200mm×長 585mm）固定。

**9** 把步驟 5 製作的拉門用柳安木角材放入杉木集成木（厚 15mm×寬 580mm×高 385mm）以螺絲釘固定，完成拉門。

**10** 以海綿沾取著色劑（Benjamin moore 半透明著色劑 arborcoat oxford brown 70）擦拭整體。

**11** 牆面角材（厚 30mm×寬 60mm×長 1200mm 上下兩個、厚 30mm×寬 60mm×長 370mm 側面兩個）為碗櫃的支撐骨架，須用螺絲釘栓緊。

**12** 把做好的碗櫃用 ∟ 型角鐵固定於牆面。

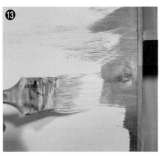

**13** 表面色用油漆（Benjamin moore natura white dove OC 17）上色兩次。

**14** 裝上錫製掛牌與手把。

**15** 利用木棒及夾子來製作布窗簾。

**16** 廚房拉門式碗櫃，完成。

> **TIP**
>
> 拉門的凹槽若以挖洞的方式製作會很辛苦，所以取而代之用柳安木角材來製作拉門凹槽，拉門有厚度所以須用角材固定前後，可先固定底部及側邊後放入拉門，檢查是否需要微調，最後再固定正面角材。

# 041

# 穩重大方的
# 廚房置物櫃

市面上有許多不是用螺絲釘組合，而是用小栓子所組合的置物櫃。
雖然會有些不習慣，但反而可比螺絲釘組裝來的更加穩固，
可用鐵絲門增加鄉村風或是直接用玻璃門來表現自然也都 Okay。

使用工具　充電電鑽、油漆刷、海綿
使用材料　bauenhome 雛菊杯櫃（半成品）、著色劑（True Tone natural wood stain light oak）、清漆（Benjamin moore 低光）
尺寸　長 540mm×寬 170mm×高 540mm

1 將 bauenhome 雛菊杯櫃（半成品）用附加的迷你螺絲釘栓固定於木板凹槽。

2 為了加快作業速度，一次把螺絲釘栓都固定好。

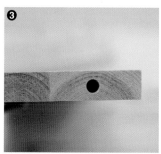

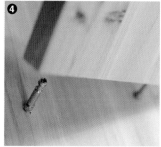

3 確認組合木板上的對應洞孔是否正確。

4 將步驟 3 的木板進行組合。

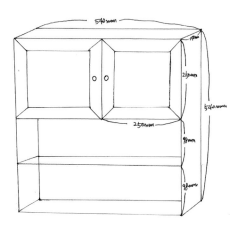

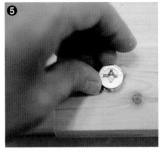

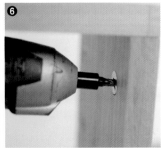

**5** 架子上的其他裝置也找尋對應的凹槽固定。

**6** 使用電鑽及螺絲起子拴緊零件。

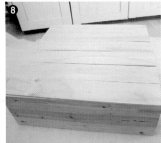

**7** 完成櫃子骨架的模樣。

**8** 使用美國松木板以釘子固定於背面。

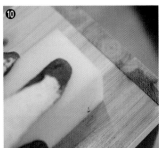

**9** 再次確認組合完成的櫃子是否端正。

**10** 以海綿沾取著色劑（True Tone natural wood stain light oak）進行兩次上色。

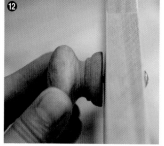

**11** 把原本的鐵網門更換成不透明的玻璃門。

**TIP** 拆除原本的鐵網，到玻璃店購買不透明玻璃進行更換。

**12** 安裝原木手把，以螺絲釘固定。

**13** 把門扇裝上合頁，固定於櫃子上。

**14** 用清漆（Benjamin moore 低光）把整體作品擦拭一遍。

**15** 在櫃子背面上方邊邊處，安裝相框環。

請參考隨產品附上的說明書，須注意並了解相關組合附屬品零件的名稱。直接在杉木上進行螺絲釘固定作業會使木頭裂開，因此在安裝合頁時須先用兩用鑽頭鑽洞後再進行螺絲釘拴緊作業。

042

# 陽剛鐵網風格的
# 蔬菜保管箱

通風的鐵網設計很適合用來保存蔬菜，
一共有三格，可依不同用途來進行物品收納、保管。

使用工具　充電電鑽、電動釘槍、形染拓刷筆、220 號砂紙、海綿

使用材料　迷你三格蔬菜箱（sonjabee.com 半成品）、防水木工膠、手把、
著色劑（True Tone natural wood stain light oak）、固體蠟、模板樣本、壓克力
顏料（黑）

尺寸　長 360mm×寬 265mm×高 690mm

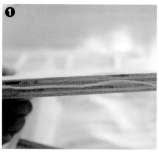

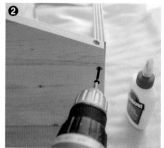

**1** 用防水木工膠連結側邊木板及中間木板。

**2** 確認端正後以黑色螺絲釘固定。

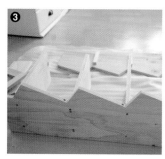

**3** 以相同的方式組合中間四個木板。

**4** 另一邊側邊木板也以相同的方式連結。

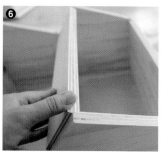

**5** 每個門扇底部的底座也用木材塗抹防水木工膠後固定，

**6** 再以螺絲釘加強穩度。

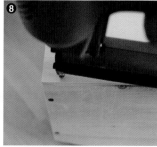

**7** 準備好箱子背面須使用的美國松木板。

**8** 塗抹防水木工膠後再以鐵釘或釘槍固定。

**TIP** 固定木板時需要有一定的間隔，先固定好兩邊後，再固定中間剩餘的木板。

**9** 骨架組合完成的面貌。

**10** 在木板接縫處釘入黑色螺絲釘。

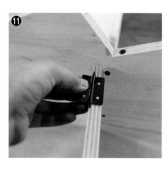

**11** 將門扇上的磁鐵對準黑色螺絲釘後，利用合頁固定。

**12** 裝上門扇的蔬菜箱，組合完成。

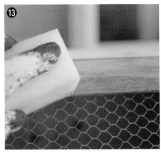

**13** 用海綿沾取著色劑（True Tone natural wood stain light oak）將蔬菜箱整體擦拭兩次。

**14** 等著色劑乾燥後再以 220 號砂紙輕輕拋光。

**15** 以螺絲釘固定黑色手把。

**16** 按照模板樣本，將想要的字樣印在箱子上。

**17** 海綿沾取固體蠟如擦皮鞋般，將整個蔬菜箱擦拭一遍。

> **TIP** 組合家具時，木頭與木頭連接的地方一定要先用防水木工膠固定，再用螺絲釘加強，增加背板時木板需要保持一定的間距，建議先固定兩端的木板後再調整固定中間的木板，若為生活中常用的家具，請一定要漆上清漆。

# 043

# 摩登又俐落的
# 復古餐桌

動手組合半成品的復古餐桌相當簡單容易，
復古的桌腳不僅有回到過去時光的感覺，也給人老練成熟的風範，
深褐色的色澤給人安定感，
因為是家人們常使用的餐桌，
請上好幾層清漆來維持家具的使用持久度。

使用工具　充電電鑽、海綿、220 號砂紙

使用材料　diyya 復古餐桌、著色劑（Benjamin moore 半透明著色劑 arborcoat
oxford brown 70）、透明著色劑（Benjamin moore 透明著色劑）、防水木工膠

尺寸　長 1350mm×寬 600mm×高 750mm

**1** 用 220 號砂紙將餐桌半成品仔細拋光。

**2** 將著色劑（Benjamin moore 半透明著色劑 arborcoat oxford brown 70）及透明著色劑（Benjamin moore 透明著色劑）相互混合。

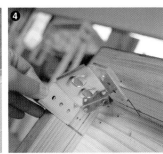

**3** 用海綿沾取調好色的著色劑及透明著色劑，上色三次以上。

**4** 桌面連結桌腳連結的部分用角落支撐架固定。

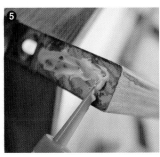

**5** 先塗上防水木工膠來組合桌腳。

**6** 小心組合桌腳。

**7** 用電鑽來拴緊角落支撐架。

**8** 塗抹兩次以上的清漆來結束作業。

# 044

# 華麗且優雅的
# 廚房吊燈

把原有的廚房燈更換成優雅的 Angelica 兩頭燈,讓廚房煥然一新。

Angelica 兩頭燈為瓷器所製,是個能展現優雅感的燈飾。

使用工具　充電電鑽、圓穴鋸、兩用鑽頭、老虎鉗、黑色絕緣膠帶、220 號砂紙

使用材料　空間照明 Angelica 兩頭燈、杉木集成木木板(厚 10mm×寬 100mm×長 1100mm)、油漆(Benjamin moore natura white dove OC 17)

**1** 用圓穴鋸在杉木集成木木板（厚 10mm×寬 100mm×長 1100mm）中間挖洞，以 220 號砂紙仔細拋光洞口。

**2** 用兩用鑽頭在木板四角鑽洞。

**TIP** 鑽洞時可更換為兩用鑽頭來鑽洞。

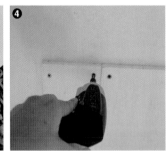

**3** 上兩次油漆（Benjamin moore natura white dove OC 17）。

**4** 拆下原有的燈飾後，將木板以螺絲釘固定於天花板。

**TIP** 進行拆卸作業時請一定要關掉總電源。

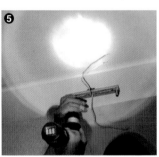

**5** 連結電燈的底座並將電線拉出。

**6** 將電線連結。

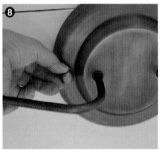

**7** 罩上燈座。

**8** 最後拴緊螺絲釘，完成。

# 045

# 有印花圖案的
# 多用途托盤

用模板圖案重新改造從 Daiso 購買的原木托盤。
若不想進行木鋸工作時，有時也可以以便宜的價格購入 Daiso 的物品，
來改造成自己喜歡的東西。
裝上老舊時尚（shabby chic）的原木手把，變身鄉村特色的托盤。

使用工具　充電電鑽、油漆刷、形染拓刷筆、220 號砂紙、海綿

使用材料　原木盤（Daiso 購入）、油漆（Benjamin moore ben cloud white 967）、壓克力顏料（黑、焦（Burnt））、模板樣本、sonjabee.com 老舊時尚手把、清漆（Benjamin moore 低光）、著色劑（True Tone natural wood stain dark walnut）

尺寸　長 380mm×寬 2400mm

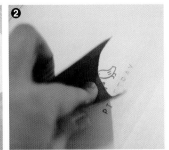

**1** 準備好從 Daiso 購買的原木盤。

**2** 用 220 號砂紙將中間的圖案磨掉。

**3** 省略使用清漆，並用油漆（Benjamin moore ben cloud white 967）幫原木盤上色兩次。

**4** 混合壓克力顏料（黑、焦）來進行模板上色。

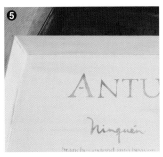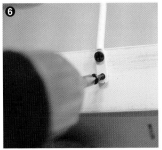

**5** 等待模板顏料乾燥。

**6** 在木盤兩旁以螺絲釘固定老舊時尚手把。

**7** 以海綿沾著色劑（True Tone natural wood stain dark walnut）塗抹手把。

**8** 最後用清漆（Benjamin moore 低光）塗抹手把及托盤。

# 046

# 用剩餘果醬罐製作的
# 玻璃收納罐

家中很常會看到吃完卻捨不得丟掉的果醬玻璃瓶，
不如洗乾淨後黏貼復古標籤或幫瓶蓋上色，
作成收納的小物品，
這樣廢物再利用也很環保、愛護地球。

使用工具　吹風機、油漆刷

使用材料　果醬罐、壓克力顏料（藍、白）、打底劑（Benjamin moore 打底劑）、復古標籤、清漆（Benjamin moore 低光）

尺寸　高 70mm～100mm

**1** 準備好乾淨的空果醬罐。

**2** 撕除貼於容器的紙標籤。

**TIP** 可將瓶子放入水中等待標籤完全濕透後用洗碗刷撕除;或用吹風機吹標籤一陣子之後用手直接撕除。

**3** 將瓶上殘留的黏膠擦拭乾淨。

**4** 先將打底劑(Benjamin moore 打底劑)塗於果醬罐上,再塗上調色好的顏料(藍+白)。

**TIP** 打底劑是多用途的底漆,幫多色物品或裝修時可先漆上打底劑,可讓之後上色的顏料或油漆不掉色。

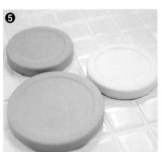

**5** 將蓋子漆上藍、白色後等待乾燥。

**6** 在瓶身貼上復古標籤。

**7** 把圓形標籤貼於蓋子上。

**8** 在蓋子上塗抹一層清漆(Benjamin moore 低光)。

第四章

|

# 客廳

## 可平靜內心，令人感到愜意的客廳

以補土裝飾客廳牆面，地板用看起來有寬敞效果的自然木
質白色地板。用 norman shutter 的窗戶來營造出歐式客廳風
格，另外還製作了冷氣櫃，讓室內裝潢看起來更加有一致
性。

# 047

# 充滿咖啡廳氛圍的
# 偽客廳牆

為了遮蔽隨意放置的陽台物品,製作了假的客廳牆,
以白色為基底,讓原本的客廳看起來更加寬敞,
多花點時間在客廳陪家人們度過美好幸福的時光吧。

before

使用工具　電動砂磨機、充電電鑽、電動釘槍、油漆刷、220 號砂紙
使用材料　整體邊框角材(厚 30mm×寬 60mm)、骨架角材(厚 30mm×寬
60mm)、美國松木板(厚 4.8mm×寬 100mm)、角鐵、油漆(Benjamin moore
regal white dove OC 17)、補強扁鐵、防水木工膠
尺寸　長 2100mm×寬 2100mm

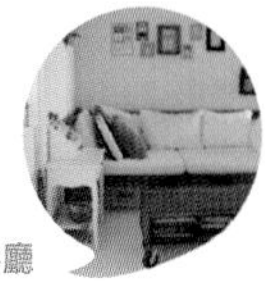



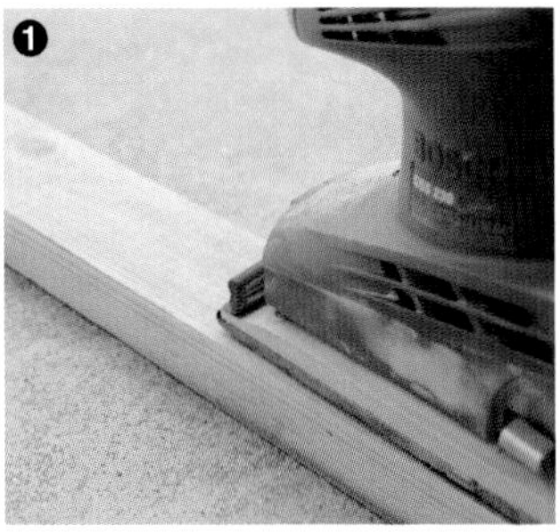

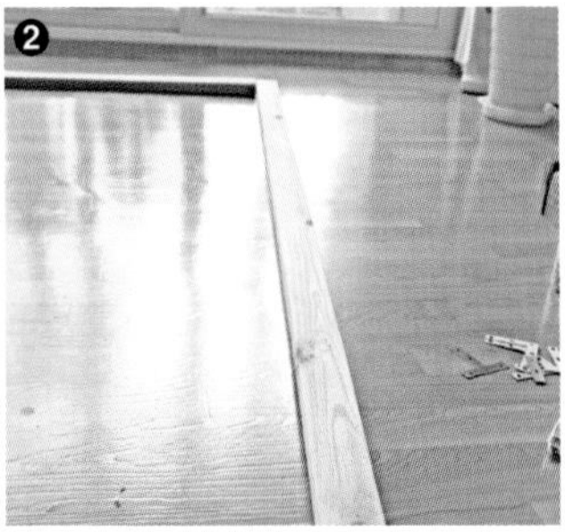

**1** 到五金行購買角材（厚 30mm×寬 60mm）後，以砂磨機拋光。

**2** 將拋光後的角材（厚 30mm×寬 60mm）放置客廳，製作符合客廳玻璃窗大小的口型框架。

**TIP** 木頭相連結的部分先以防水木工膠黏貼，再使用補強扁鐵。

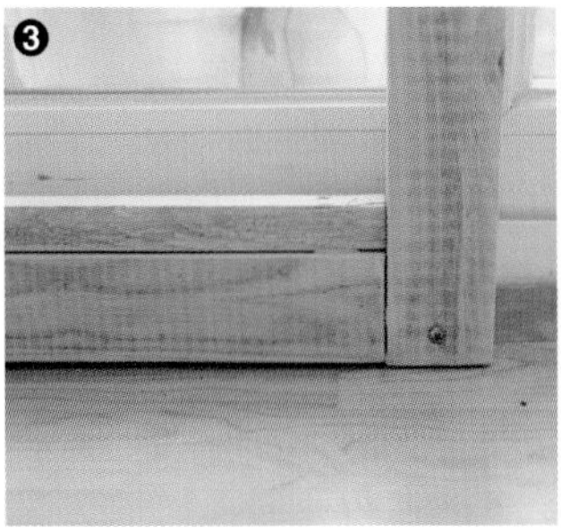

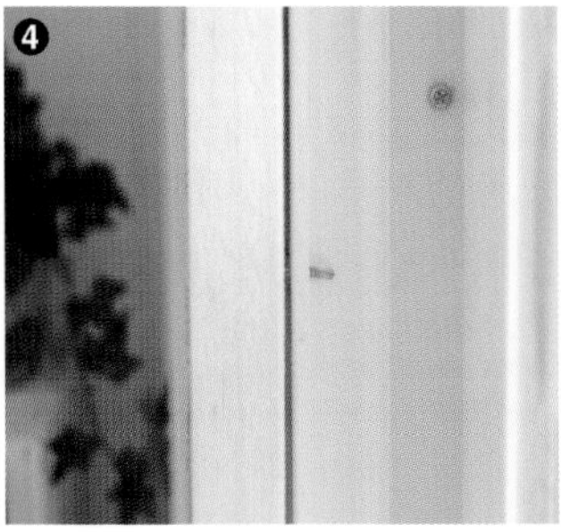

**3** 立於客廳玻璃窗前，底部用鐵製螺絲釘固定。

**4** 拉窗為塑膠，可用一般螺絲釘來固定。

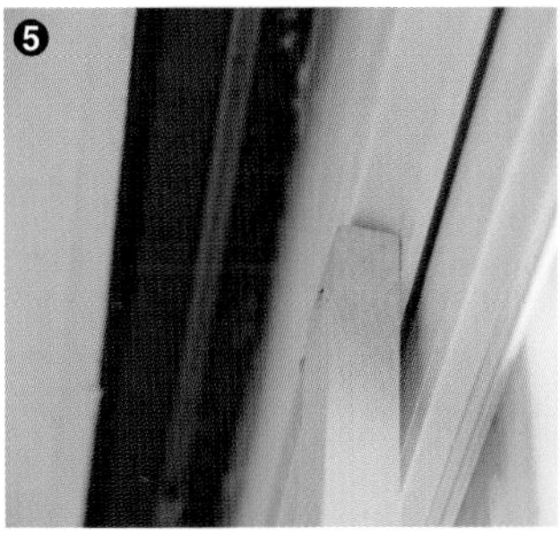

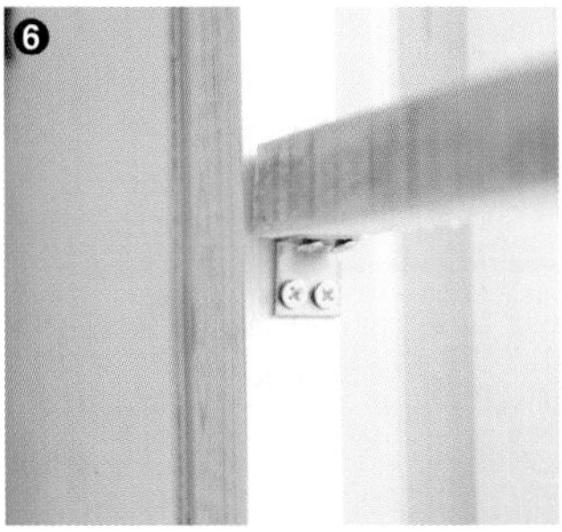

**5** 上方的拉窗也以螺絲釘牢牢固定。

**6** 以角鐵固定木板的骨架角材（厚 30mm×寬 60mm）。

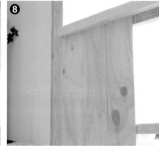

**7** 角材及角材（厚 30mm×寬 60mm）連接的部分，用扁平的角鐵再次固定。

**8** 下方用美國松木板（厚 4.8mm×寬 100mm），一張一張地以釘槍固定。

**9** 木板與木板間須維持一定間隔。

**10** 將完成的偽牆上兩次油漆（Benjamin moore regal white dove OC 17）。

**11** 等第一次油漆乾燥後再上第二次油漆。

# 充滿自然居家概念的
# 客廳 DIY

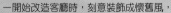

一開始改造客廳時，刻意裝飾成懷舊風，
但隨著時間的過去，裝修知識也漸漸累積，
所追求的風格也不盡相同。
所以將客廳改造為以原木木板及補土裝飾的溫暖自然居家空間。

使用工具　油漆刷、矽利康槍、橡皮刮刀

使用材料　杉木木板（厚 9mm×寬 100mm）、美國松木板（厚 4.8mm×寬 100mm）、油漆（Benjamin moore natura white dove OC 17）、可洗式補土、塞法戴克斯 PL50 黏著劑

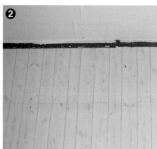

**1** 黏貼木板花紋紙張的客廳。
**2** 標示出需要手作牆作業及貼木板作業的分界線。

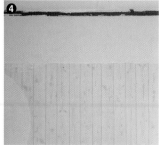

**3** 準備好可洗式補土。
**4** 從牆壁上緣開始塗抹。

**5** 把塞法戴克斯 PL50 黏著劑以 W 字型，塗抹於美國松板（厚 4.8mm× 寬 100mm），再以矽利康槍塗抹沒有黏著劑的地方。
**6** 完成手作牆面後，進行步驟 5，黏貼木板。

**7** 確認木板間是否有固定間隔。

TIP 只用黏著劑的話等待凝固的時間較長，為了能順利固定，以矽利康作輔助黏著劑，黏貼木板時不要馬上鬆手，建議用力按壓幾秒後再放手。

**8** 準備好上色、乾燥快速的油漆（Benjamin moore natura white dove OC 17）。

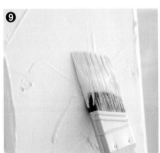

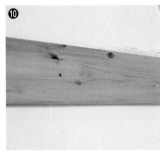

**9** 將手作牆與木板整體上色兩次。

**10** 在另一邊牆面上半部貼上杉木木板（厚 9mm×寬 100mm）。

TIP 請使用塞法戴克斯 PL50 黏著劑及矽利康一起黏貼。

TIP 可直接在壁紙上進行手作牆面及木板作業，固定木板時須使用黏著力較好的塞法戴克斯 PL50 黏著劑，另外也必須在矽利康凝固前快速將木板貼於牆面。可用橡皮刮刀塗抹一定厚度的補土，等到完全固定後上第二次，若是想塗上白色油漆，則可以上一次補土後進行油漆上色。

# 049

# 堅固又可收納的
# 移動客廳桌

利用廢材料製作的移動客廳桌堅固又善於收納。
可放置書本,當在客廳想看書時可隨手取得,很方便。
橡色的色澤表現著自然的感覺,
彷彿客廳散發出木頭香氣。

使用工具　圓形鋸、充電電鑽、鐵槌、海綿刷、180 號砂紙、220 號砂
紙、鐵釘
使用材料　貨板木頭(寬 40mm×長 150mm)、著色劑(Bondex 水性著色劑橡
樹)、輪子
尺寸　長 1000mm×寬 450mm×高 420mm

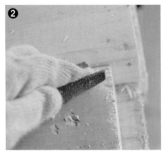

**1** 將貨板木頭（寬 40mm×長 150mm）分解後，用圓形鋸裁斷。

**2** 用 180 號砂紙將四邊粗糙的地方拋光。

**3** 以鐵釘固定。

**4** 將三個木板連結，底部用木頭固定。

**5** 固定上層木板。

**6** 裝上輪子。

**7** 用 220 號砂紙將整體拋光過後用乾抹布擦拭乾淨。

**8** 以海綿刷沾著色劑（Bondex 水性著色劑橡樹）上色。

# 050

凸顯客廳重點的
# 紅色四格收納櫃

是個鮮明色彩的四格收納櫃,
但為了避免太突兀的紅色,以咖啡色為底色,
表層在漆上紅色並以砂紙拋光後,展現復古的感覺。

使用工具　充電電鑽

使用材料　購買四格組合收納櫃、杉木集成木(厚 15mm)、油漆
(Benjamin moore regal caliete AF 290)、著色劑(Benjamin moore 半透明著色劑
arborcoat oxford brown 70)、合頁、手把

尺寸　長 400mm×寬 240mm×高 720mm

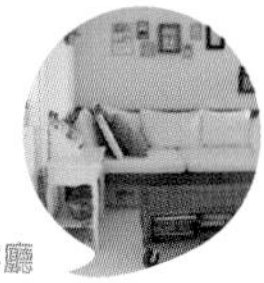



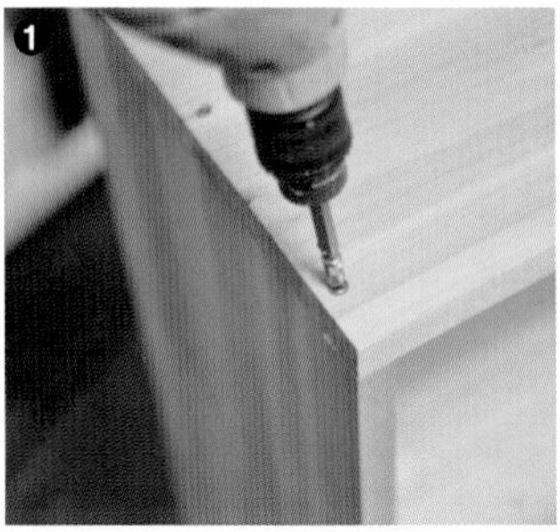


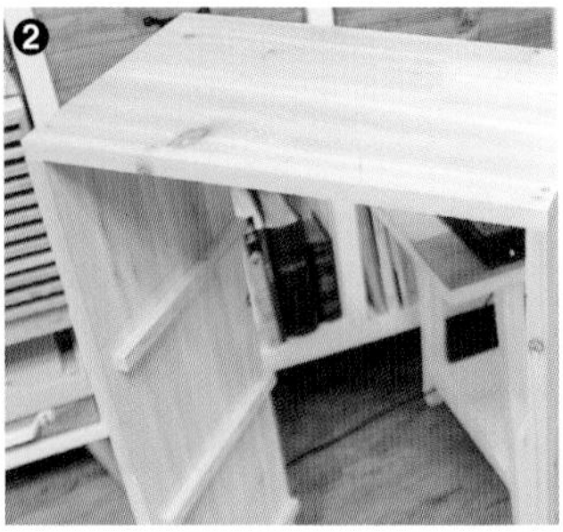


**1** 組裝半成品的四格組合收納櫃。

**TIP** 組裝時先塗上防水木工膠，會更加穩固。

**2** 完成整體結構後，貼上側邊的支撐輔助木條。

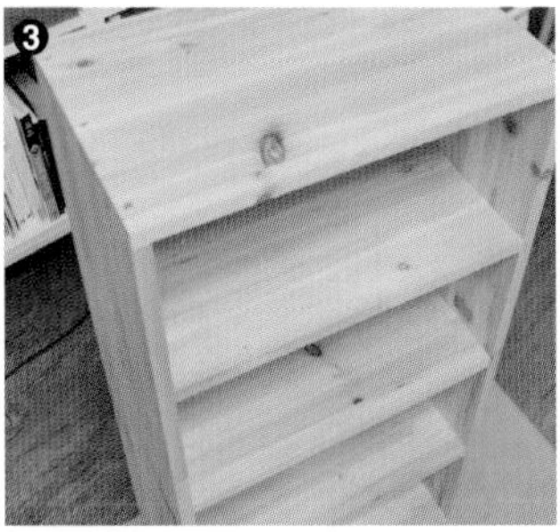


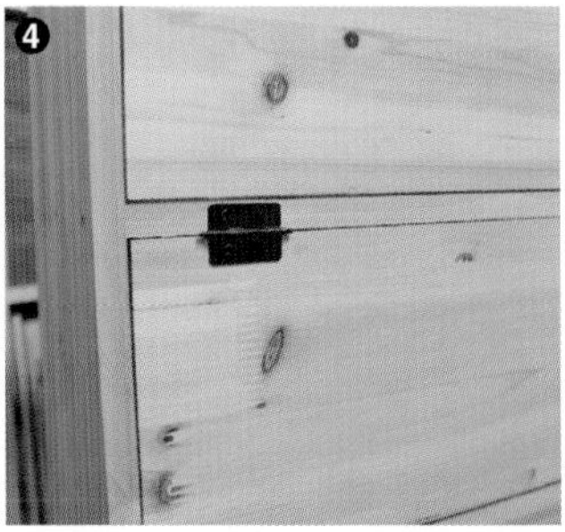


**3** 將架子放上木條後進行組裝固定。

**4** 鎖上合頁。

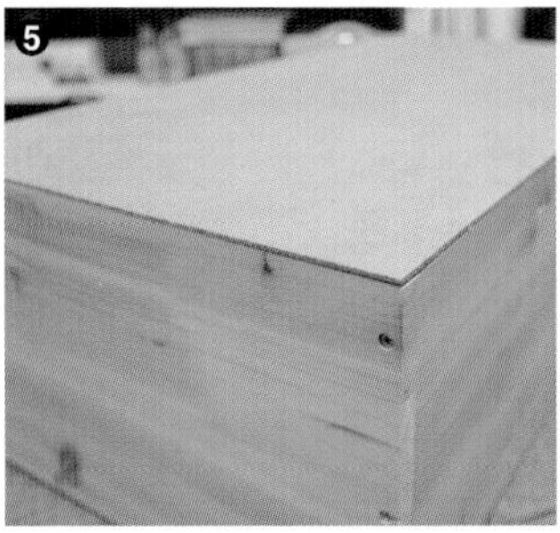


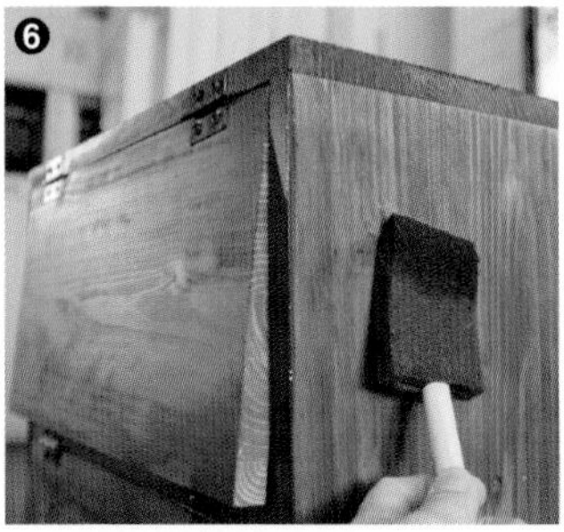


**5** 用釘槍固定背面的 MDF 合板。

**6** 底色用著色劑（Benjamin moore 半透明著色劑 arborcoat oxford brown 70）。

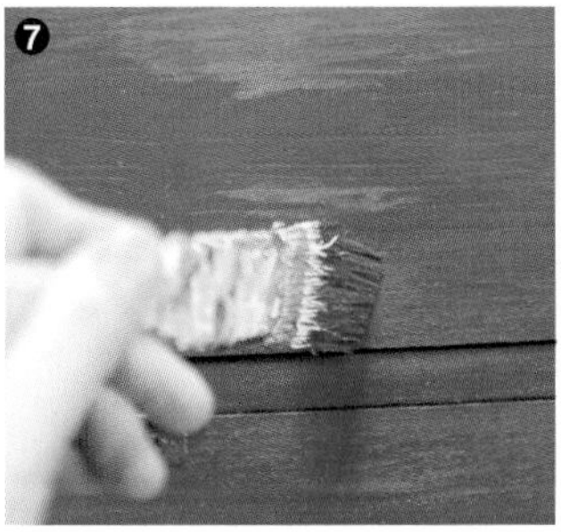


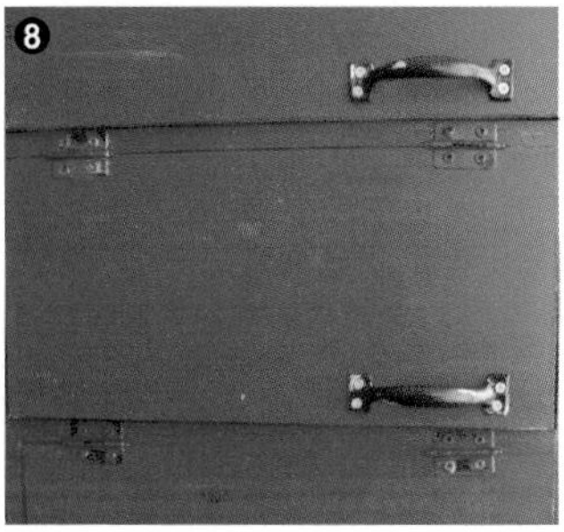


**7** 表面色用（Benjamin moore regal caliete AF 290），上色兩次。

**8** 最後裝上手把。

# 051

# 提生活用空間的
# 客廳窗邊格子收納櫃

在客廳窗邊裝上 norman shutter 的展示窗戶，
下方則以格子收納櫃相對應。
收納櫃為拉門設計，能節省許多空間。

使用工具　充電電鑽、圓穴鋸

使用材料　杉木木板（厚 15mm）、柳安木角材（厚 10mm×寬 10mm）、圓
錐腳、油漆（Benjamin moore natura white dove OC 17）、打底劑（Benjamin
moore stix bonding primer XA 05）

尺寸　長 1670mm×寬 185mm×高 750mm

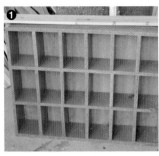
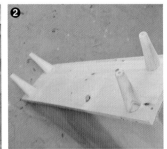

**1** 把家裡荒廢的櫃子在底部用釘槍固定新木板。

**2** 在杉木木板（厚 15mm）釘上四根圓錐腳。

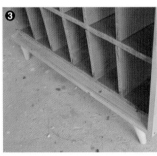

**3** 側邊及前面也比原有的櫃子多留 4cm 的空間。

**4** 上下以釘槍固定柳安角材（厚 10mm×寬 10mm）。

**TIP** 為了放置拉門所留的空間。

**5** 上兩次打底劑（Benjamin moore stix bonding primer XA 05）。

**6** 用圓穴鋸將杉木集成木（厚 15mm）鋸穿，此為拉門手把。

**7** 關上拉門、裝上上層木板後放置於窗台邊。

**8** 最後以油漆（Benjamin moore natura white dove OC 17）上色兩次。

# 052

# 客廳氣氛的精髓
# 木質沙發

獨自組裝沙發的半成品可能會有點困難，因尺寸太大，
不妨藉助別人的幫忙來組裝。
過程雖然辛苦但跟著說明書一步一步組裝後，可看到帥氣的 DIY 沙發。
橡樹色散發自然的感覺，
沙發坐墊也是白色，很適合擺放在客廳裡。

使用工具　充電電鑽、220 號砂紙

使用材料　feelwell nature 原木 DIY 長椅沙發雲杉集成木（半成品）、著色劑（Deft Wood 著色劑 natural oak）、著色劑（Bondex 水性著色劑橡樹）、清漆（Benjamin moore 半光）、防水木工膠

尺寸　長 2130mm×寬 800mm×高 800mm

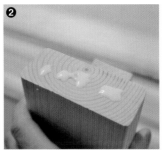

**1** 用細砂紙拋光半成品的原木沙發。

**2** 組裝時請塗抹防水木工膠。

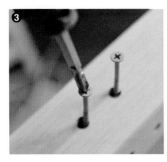

**3** 用電鑽固定螺絲釘。

**4** 將側面及後面連結。

**5** 完成大尺寸的沙發骨架。

**6** 將木板墊以螺絲釘固定。

**7** 把著色劑（Deft Wood 著色劑 natural oak）及著色劑（Bondex 水性著色劑橡樹）混合後上色。

**8** 最後以清漆（Benjamin moore 半光）做結束。

# 053

# 簡單有個性的
# 客廳置物櫃

用三組兩格箱子後面以杉木本板作背板的 "客廳置物櫃"。
上面三層用杉木製作成收納箱，
簡單又自然的造型，加上復古的圓錐腳，
是個相當有個性的客廳收納櫃。

使用工具　充電電鑽、電動釘槍

使用材料　美國松合板置物箱兩格（三組）、圓錐腳、杉木集成木木板（厚15mm）、油漆（Benjamin moore natura white dove OC 17）、著色劑（Bondex 水性著色劑橡樹）、腐蝕油漆、防水木工膠、填補劑

尺寸　長 1040mm×寬 304mm×高 810mm

**1** 組裝三組兩格美國松木板。

**2** 為了將三個黏在一起，塗抹防水木工膠後，四邊以螺絲釘固定。

**3** 為了把杉木木板加於後方，先塗上防水木工膠後以釘槍固定。

**4** 上面、側面、下面皆以杉木集成木木板（厚 15mm）黏貼、固定。

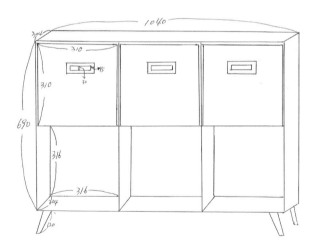

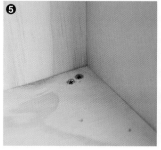

**5** 固定圓錐腳。

**6** 以填補劑填補釘螺絲釘處。

**7** 完成客廳置物櫃。

**8** 上兩次油漆（Benjamin moore natura white dove OC 17）。

**9** 將杉木集成木木板（厚 15mm）裁切成長 340mm×寬 330mm×高 300mm，預備作木箱。

**10** 組合木箱前請先用防水木工膠塗抹後，再以釘槍固定。

**11** 手把的重點在於刻意挖空來當拉取的手把。

**12** 於正面塗上兩次著色劑（Bondex 水性著色劑橡樹）。

**13** 在挖取手把後剩下的木頭碎片上塗抹腐蝕油漆。

**14** 再將它們塗上防水木工膠後貼於手把四周，可用重物來壓使之附著。

**TIP** 重點在於將三組置物箱牢固地固定在一起，可用防水木工膠黏著後以夾鉗固定，抽屜須作的比置物箱小些，並以防水木工膠組合。

# 054

# 辛苦動手完成的
# 客廳電視櫃

大家是否都還記得小時候家裡一定會有的電視櫃呢？
老舊、堅固又穩重的陳年櫃子，
為了想重現我國小時的回憶，
特別製作了夢想中的電視櫃。

使用工具　充電電鑽、電動釘槍、夾鉗、油漆刷、海綿刷、220 號砂紙
使用材料　雲杉集成木木板
a. 頂、底：厚 18mm×長 1500mm×寬 400mm一兩張
b. 側邊、格板：厚 18mm×長 400mm×寬 400mm一四張
c. 門扇、中間架：厚 18mm×長 460mm×寬 390mm一四張
d. 背面（美國松合板）：厚 4.8mm×長 1500mm×寬 430mm一一張
e. 木條：厚 18mm×寬 20mm×長 390mm一兩個
支撐架型原木腳四個、著色劑（True Tone natural wood stain light walnut）、清
漆（Benjamin moore 低光）、名牌夾三個、黑色手把三個、合頁六個、磁釦
三個、填補劑

尺寸　長 1500mm×寬 400mm×高 510mm（包含原木腳）

**1** 準備裁切好的雲杉集成木木板，用防水木工膠連結頂部（厚 18mm×長 1500mm×寬 400mm）及側邊（厚 18mm×長 400mm×寬 400mm）木板。

**2** 為了製作客廳電視櫃的基本雛形，將木板連結成 ㄴ 字型。

**TIP** 臨時需要固定時可借助夾鉗的幫忙。

**3** 更換兩用鑽頭，固定螺絲釘。

**4** 將螺絲釘牢牢地鑽入。

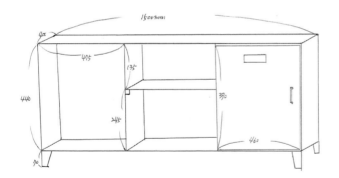

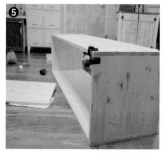

**5** 組合成ㄇ字型後，組合下方的木板。

**6** 用鉛筆標注三等份格子的空間。

**7** 用兩用鑽頭及螺絲釘從頂部固定側邊及格板（厚 18mm×長 400mm×寬 400mm）。

**TIP** 進行鎖緊前請先塗抹防水木工膠。

**8** 加上底板後，用螺絲釘牢牢固定。

**9** 客廳電視櫃下方的四角部分，用螺絲釘固定支撐架。

**10** 放入並轉緊支撐架型原木腳。

**11** 最後加上背板，以電動釘槍及鐵鎚固定。

**12** 在中間箱子的兩側固定木條（厚 18mm×寬 20mm×長 390mm）。

**13** 擺上木架。
**14** 填補劑填補螺絲釘痕跡。

**15** 等到填補劑乾燥後用砂紙拋光。
**16** 以海綿刷將整體刷上兩次著色劑（True Tone natural wood stain light walnut）。

**17** 著色劑乾燥後，上兩次清漆（Benjamin moore 低光）。
**18** 安裝名牌夾及手把。

**19** 最後利用合頁固定電視櫃的門。

**TIP**
購買製做家具的木頭時，可要求裁切成想要的尺寸，若尺寸上有小誤差的話會不易製作，購買前一定要仔細測量、討論，不管是分隔空間或是決定門的大小，可以參考木頭的厚度後再作決定。

# 055

# 利用鐵網裝飾的
# 收納置物架

這是個散發淡淡杉木香氣的鄉村風鐵網置物架。
裝飾房間空著的牆壁，
也可放置在廚房餐桌上或客廳牆面作為點綴。

使用工具　充電電鑽

使用材料　杉木集成木（厚 15mm×寬 130mm×長 640mm 兩個、厚 15mm×寬
130mm×長 210mm 兩個）、中間支架（寬 115mm×長 175mm 兩個）、中間架
子（寬 115mm×長 19mm 兩個）、鐵窗門（長 180mm×寬 190mm）、油漆
（Benjamin moore natura southfield green HC 129）、著色劑（Benjamin moore 半
透明 arborcoat 著色劑 fresh brew）、原木手把、防水木工膠

尺寸　長 670mm×寬 130mm×高 210mm

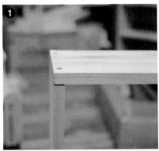

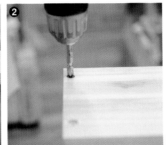

**1** 將杉木集成木（厚 15mm×寬 130mm×長 640mm、厚 15mm×寬 130mm×長 210mm）組合成 ㄴ 字型。

**2** 連接部分以螺絲釘固定，組合成 口字型的外框。

**3** 將空間均分成三等份後，固定中間的骨架（寬 115mm×長 175mm）。

**4** 將一邊的架子放入後，也用螺絲釘固定。

**5** 把合頁固定於製作好的鐵網門及另一邊的櫃子上。

**6** 用海綿沾取適量著色劑（Benjamin moore 半透明 arborcoat 著色劑 fresh brew），將整體架子塗抹一遍。

**7** 用油漆（Benjamin moore natura southfield green HC 129）幫原木手把上兩次色後，再稍微抛光。

**8** 將手把固定於鐵網門上。

# 056

# 用格紋玻璃做成的
# 手工家具

此為利用格紋玻璃 DIY 作成的家具，
自己製作的家具不僅樣式喜歡，尺寸也剛剛好，
下面就來介紹如何製作有玻璃門及小抽屜的復古收納櫃吧。

使用工具　Power workshop 組合電動工具套裝、線鋸機、電動釘槍、夾鉗、
海綿、矽利康槍

使用材料　杉木集成木
a. 上方木板：厚 15mm×長 500mm×寬 380mm
b. 上下木板、中間隔板：厚 15mm×長 400mm×寬 300mm－四張
c. 門扇：厚 15mm×寬 70mm×長 570mm－兩張、厚 15mm×寬 70mm×長
390mm －一張
d. 兩側骨架板：厚 15mm×寬 35mm×長 900mm－八張
e. 附加的橫向木板：厚 15mm×寬 35mm×長 240mm－八張
f. 抽屜：厚 15mm×長 385mm×寬 120mm－兩張、厚 15mm×長 290mm×
寬 120mm－兩張
g. 抽屜上下附加的木板：厚 15mm×寬 35mm×長 400mm－一張、厚
15mm×寬 70mm×長 400mm－兩張
h. 背板：美國松合成板（厚 4.8mm×長 460mm×寬 840mm－一張）
著色劑（True Tone natural wood stain light walnut）、格紋玻璃（跟 sonjabee.com 訂
購）、補強用扁鐵、手把、合頁、矽利康、防水木工膠

尺寸　長 500mm×寬 380mm×高 900mm

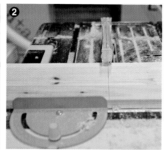

**1** 準備好杉木集成木（厚 15mm）。

**2** 用 Power workshop 組合電動工具套裝裁切適合製作成收納櫃的木板。

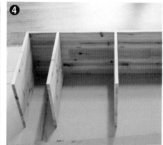

**3** 木板與木板連結部分塗上防水木工膠，先以兩用鑽頭鑽洞後，再以螺絲釘固定。

**4** 隔板的部分依固定的間隔進行組裝。

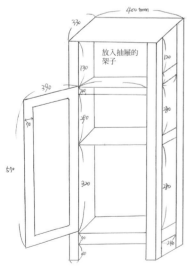

上方木板

放入抽屜的架子

抽屜

**5** 穩穩地固定側邊木板。

**6** 背板則用美國松合板（厚 4.8mm）組合。

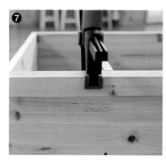

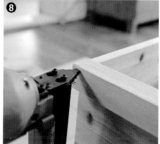

**7** 再以木板補強寬度較窄的杉木木板。

**TIP** 塗抹防水木工膠後，以夾鉗固定。

**8** 用電動釘槍釘牢。

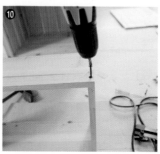

**9** 側邊也加上橫向附加木板。

**10** 連結木板時先塗上防水木工膠後再以螺絲釘固定。

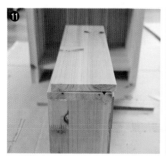

**11** 將四方型抽屜製作好之後，正面再加上一層木板。

**12** 也在抽屜上下各加上一片橫向木板。

**13** 將杉木集成木（厚 15mm×長 500mm×寬 380mm）放置於收納櫃頂端。

**TIP** 塗抹防水木工膠後，以釘槍固定。

**14** 收納櫃正面也再黏貼上較窄的木板。

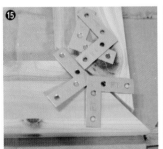

**15** 用扁鐵組合裁好的門扇木板。

**16** 確認門的大小是否符合櫃子。

**TIP** 木板與木板連接處，請務必要使用防水木工膠，再用釘槍固定。

**17** 以海綿沾取著色劑（True Tone natural wood stain light walnut），上色三次。

**18** 在做好的門框內側擠上矽利康，黏上格紋玻璃。

**TIP** 黏格紋玻璃時須放置一天。

**19** 最後裝上門把及櫃子門的合頁。

**TIP** 製作家具時，最好先測試組裝後再正式組裝，拴緊螺絲釘作業前須先塗抹防水木工膠，才可以有堅固的家具。黏貼玻璃時須使用透明矽利康，放置好玻璃後需再以矽利康塗抹背面四周一圈，通常矽利康凝固需要 5～6 小時以上，所以最好能靜置一天讓它慢慢凝固。

# 057

# 俐落大方的
# 房門改造

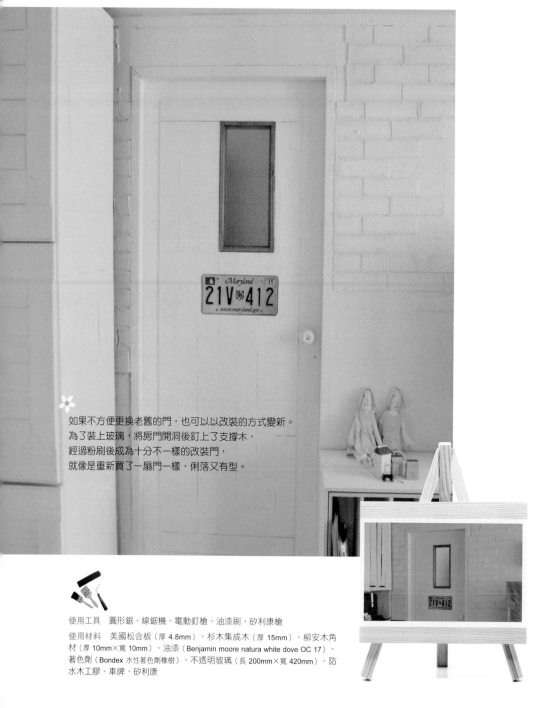

如果不方便更換老舊的門，也可以以改裝的方式變新。
為了裝上玻璃，將房門開洞後釘上了支撐木，
經過粉刷後成為十分不一樣的改裝門，
就像是重新買了一扇門一樣，俐落又有型。

使用工具　圓形鋸、線鋸機、電動釘槍、油漆刷、矽利康槍

使用材料　美國松合板（厚 4.8mm）、杉木集成木（厚 15mm）、柳安木角材（厚 10mm×寬 10mm）、油漆（Benjamin moore natura white dove OC 17）、著色劑（Bondex 水性著色劑橡樹）、不透明玻璃（長 200mm×寬 420mm）、防水木工膠、車牌、矽利康

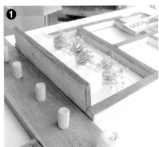

**1** 將原本舊的門拆下來，原有的裝飾品也一起拆卸。

**2** 以電鑽鑽洞後，用線鋸機切斷木頭。

**3** 裡面有先前的柳安木角材，須用力切斷。

**4** 在裁切好的門框旁邊釘上杉木木板（厚 15mm×寬 45mm）。

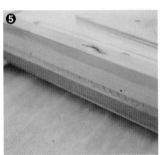

**5** 中間部分則用柳安木角材（厚 10mm×寬 10mm）固定。

**6** 塗抹防水木工膠於美國松合板木板後，以釘槍固定。

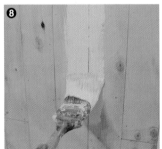

**7** 將窗框漆上著色劑（Bondex 水性著色劑橡樹），並以矽利康固定玻璃。

**8** 將木板上兩次以上的油漆（Benjamin moore natura white dove OC 17）。

TIP 最後固定上車牌就完成了。

# 058

# 用零碎木材製作的
# 牛奶罐裝飾品

用剩餘的零碎木材，也能製作出可愛的裝飾品，
可愛的牛奶罐令人愛不釋手，
可擺飾在任何地方，成為讓眼睛為之一亮的小物。

使用工具　多角度切割座、鋸子、220 號砂紙、油漆刷

使用材料　角材（厚 40mm×寬 40mm）、木板碎片、applecountry mother's vintage 顏料（peach、baby blue、mustard、green apple）、郵票、墨水、防水木工膠

尺寸　長 40mm×寬 40mm×高 80mm（大）、長 40mm×寬 40mm×高 40mm（小）

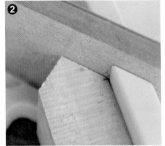

**1** 準備好長 40mm×寬 40mm 的剩餘角材。

**2** 用多角度切割座鋸成 45 度角。

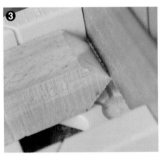

**3** 削平牛奶盒頂端。

**4** 把將製作成牛奶盒開口的零碎木板裁切成長 40mm×高 80mm。

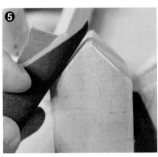

**5** 用砂紙仔細地拋光牛奶盒表面。

**6** 用顏料（applecountry mother's vintage－peach、baby blue、mustard、green apple）上色兩次才會有飽合的顏色。

**7** 等顏料乾燥後，用防水木工膠將開口部分的木片貼上。

**8** 喜歡的話也可以隨意地蓋上戳印。

**TIP** 用模板印的方式在牛奶盒上蓋上日期也是個不錯的方法。上完色後用砂紙稍微磨過則會有復古的感覺。

# 059

# 鮮豔亮麗的
# 復古桌

鮮豔的黃色是客廳裝修的重點，
整體色調為白色的客廳，出現黃色的桌子，
給人清爽又跳躍的感受。

使用工具　充電電鑽、海綿刷
使用材料　diyya 復古抽屜桌、油漆（Benjamin moore regal citrus clast 2013-30）、著色劑（Bondex 水性著色劑懷舊褐）
尺寸　長 900mm×寬 400mm×高 750mm

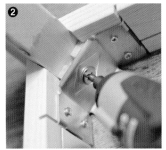

**1** 準備好半成品的復古抽屜桌。

**2** 桌角以支撐架相互連接後用電鑽固定。

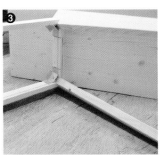

**3** 骨架與桌角連接。

**4** 桌角組合完成。

**5** 底色用著色劑（Bondex 水性著色劑懷舊褐）將主體及桌腳上兩次色。

**6** 連接主體及桌腳。

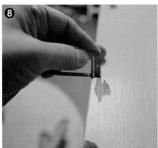

**7** 表面色用油漆（Benjamin moore regal citrus clast 2013-30）上色兩次。

**8** 為顯示復古風格，用刀片刻意露出底色。

**TIP** 底色乾燥後部分漆上蠟燭，上完表面色後，輕輕刮除原本塗抹過蠟燭的地方，能很容易地使表面色脫落。

# 060

看似平凡卻創意滿點的
# 鞋櫃裝修

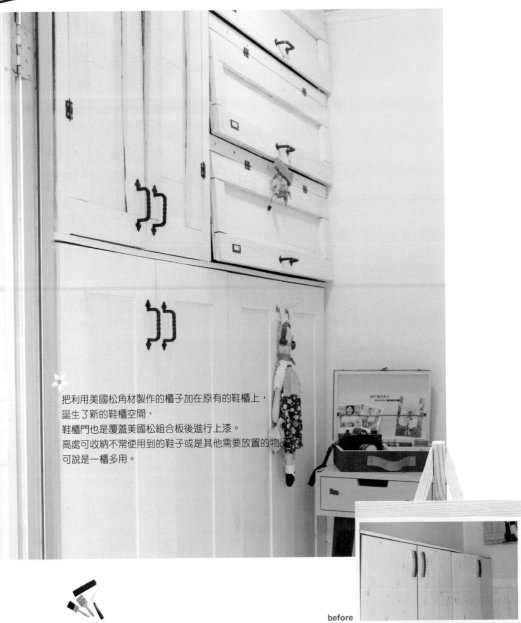

把利用美國松角材製作的櫃子加在原有的鞋櫃上，
誕生了新的鞋櫃空間，
鞋櫃門也是覆蓋美國松組合板後進行上漆。
高處可收納不常使用到的鞋子或是其他需要放置的物品，
可說是一櫃多用。

before

使用工具　圓形鋸、充電電鑽、電動釘槍、180 號砂紙、噴槍

使用材料　美國松角材（厚 30mm×寬 30mm）、落葉松、美國松組合木板
（厚 4.8mm）、油漆（三和 home star Rosedale cream）、補土、麻花手把、名
牌夾、防水木工膠

**1** 用美國松角材（厚 30mm×寬 30mm）組成梯子般貼於牆面。
**2** 利用原本鞋櫃的地方利用角材往上延伸至天花板。

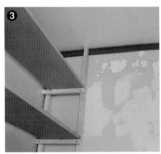

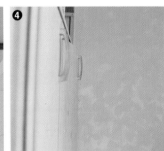

**3** 把 MDF 木板放置於梯子上後以螺絲釘固定。
**4** 整面牆壁以補土進行手作牆面。

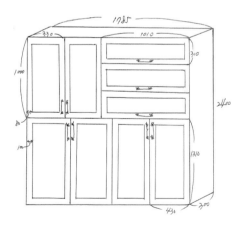

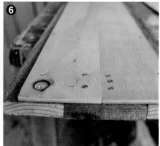

**5** 用圓形鋸裁切落葉松後模擬組合成門的大小（厚310mm×寬1010mm）。

**6** 確認無誤後，在步驟5的落葉松上塗抹防水木工膠後，黏貼美國松合板，再以螺絲釘固定。

**7** 用噴槍燻黑落葉松。

**8** 用砂紙來拋光過於粗糙的地方。

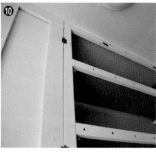

**9** 上兩次油漆（三和 home star Rosedale cream）。

**10** 將合頁固定於所需要的位置。

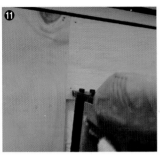

**11** 把防水木工膠塗於原本舊的鞋櫃門上，用釘槍固定美國松合板（4.8mm）

**12** 這麼一來鞋櫃整體的邊框都為美國松板。

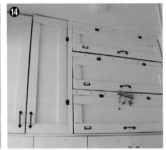

**13** 將鞋櫃上漆（三和 home star Rosedale cream）。

**14** 裝上麻花手把及名牌夾。

**TIP**

為了製作支撐骨架，可先在角材上用電鑽鑽洞，之後再用 80mm 的鐵製螺絲釘固定。精確無誤的尺寸在 DIY 家具方面也很重要，須再三確認尺寸。落葉松為原木，會有歪曲或收縮、膨脹的缺點，因此可使用比正常尺寸還小一些的落葉松木板。

# 061

# 簡單又懷舊的
# 北歐風客廳相框掛飾

由美國松角材裁切後的半成品相框，
將它們製作成各種不同的大小、漆上不同的顏色，
重現北歐風格的相框掛在客廳牆壁上也是件不錯的裝飾品。

使用工具　圓形鋸、充電電鑽、釘槍、夾型砂磨機、220 號砂紙、噴槍
使用材料　粗糙的木材（厚 20mm）、applecountry mother's vintage 顏料一（mustard、peach、baby blue）、著色劑（True Tone natural wood stain light walnut）、懷舊圖片
尺寸　長 270mm×寬 20mm×高 220mm

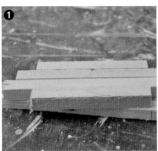

**1** 將粗糙的木材以圓形鋸裁切成適當的尺寸（長 270mm×寬 20mm×高 220mm）。

**2** 用噴槍刻意燒灼。

TIP 粗糙的木材用噴槍燒過後表面會比較細緻。

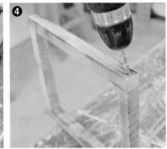

**3** 用夾型砂磨機將燒過的木頭進行拋光。

**4** 以電鑽固定邊框。

TIP 從兩旁固定。

**5** 用顏料 applecountry mother's vintage 顏色－（mustard、peach、baby blue）及著色劑（True Tone natural wood stain light walnut）各上色兩次。

**6** 用釘槍在相框背面固定復古圖片。

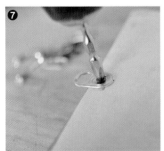

**7** 利用易開罐的瓶蓋來當作掛環。

**8** 用螺絲釘掛於客廳牆面。

TIP 用各種不同的相框大小及顏色來裝飾客廳。

# 062

# 使用度相當高的
# 18 格收納抽屜櫃

這是利用紅蔘箱製作而成的 18 格收納抽屜櫃，
用杉木製作邊框，又裝上復古的手把，
給人老舊的感覺。
雖是毫不起眼的紅蔘箱，但對喜歡改裝的
人來說是個很好的材料收納箱，
可收集許多改裝所需要的材料或針線物品。

使用工具　充電電鑽、電動釘槍、手動砂磨機、鋸子、海綿

使用材料　杉木集成木（厚 15mm×長 520mm×寬 270mm 兩張、厚 15mm×長 365mm×寬 270mm 七張）、抽屜正面（厚 15mm×長 120mm×寬 65mm 十八張）、美國松合板（厚 4.8mm×長 400mm×寬 520mm）、紅蔘箱十八個、著色劑（True Tone natural wood stain dark walnut）、木心、防水木工膠、迷你手把十八個

尺寸　長 400mm×寬 300mm×高 520mm

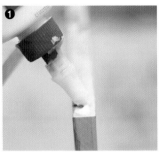

**1** 將杉木合成木材裁成（厚 15mm×長 520mm×寬 270mm、厚 15mm×長 365mm×寬 270mm）的尺寸後，以防水木工膠連結。

**2** 以一定的間距將木板組裝成ㄇ字型並固定。

> **TIP** 使用防水木工膠後再以螺絲釘固定。

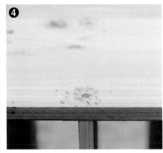

**3** 將側邊木板固定。

**4** 用兩用鑽頭鑽出鎖螺絲釘的洞。

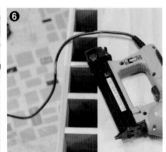

**5** 將螺絲釘一一固定。

**6** 固定好背板的美國松合板（厚 4.8mm×長 400mm×寬 520mm）後，以釘槍固定。

**7** 裁切出紅蔘箱正面附加所使用的木板（厚 15mm×長 120mm×寬 65mm），以手動砂磨機稍微拋光。

**8** 將整體擦拭著色劑（True Tone natural wood stain dark walnut）一次。

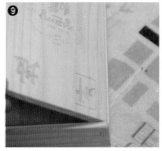

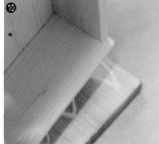

**9** 移除紅蔘箱的蓋子。

**10** 將步驟 7 準備好的木頭塗上防水木工膠,黏於箱子正面。

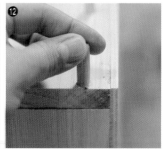

**11** 箱子內側用螺絲釘固定。

**12** 用木心修飾抽屜外側的螺絲釘痕跡。

TIP 有深的凹洞痕跡時,請擠入防水木工膠後再插入木心。

**13** 用鋸子將凸出的木心鋸除。

**14** 用 220 號砂紙加以拋光。

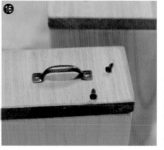

**15** 用著色劑(True Tone natural wood stain dark walnut)將所有抽屜都塗上兩次。

**16** 把迷你手把用螺絲釘安裝在紅蔘箱子正面,裝好後放入抽屜櫃中。

# 廢物利用書櫃及櫃腳製作的
# 復古木製文件櫃

各位應該都無法想像他改造之前的樣子，
將不使用的書櫃以線鋸機裁切成四格，
雲杉板材有凹洞缺陷而呈現出復古，
是用木頭製作成鐵製感覺的木製文件櫃。

before

使用工具　圓形鋸、線鋸機、電動釘槍、鑽頭、電動砂磨機、充電電鑽、膠水、鐵釘

使用材料　雲杉板材（厚 18mm×寬 230mm×長 430mm）、美國松合板（厚15mm×寬 90mm×長 100mm）、油漆（Benjamin moore natura white dove OC 17）、著色劑（Benjamin moore 半透明著色劑 arborcoat oxford brown 70）、木製手把、名牌夾、英文報紙、防水木工膠

尺寸　長 905mm×寬 270mm×高 865mm

**1** 將不使用的桌腳以圓形鋸裁切成 15 度角。

**2** 將美國松合板(厚 15mm×寬 90mm) 裁切成長 100mm×寬 90mm 後，與桌腳連結。

**3** 用電鑽將有美國松板的桌腳固定於箱子底部。

**TIP** 請一定要塗上防水木工膠。

**4** 用螺絲釘固定，在等待防水木工膠凝固的期間，先倒著放置。

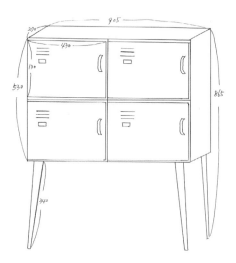

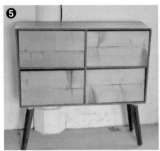

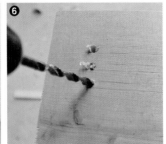

**5** 用雲杉角材（厚 18mm×寬 230mm ×長 430mm）組合成門的尺寸。

**6** 用鉛筆在角材上畫線後再用電鑽鑽洞。

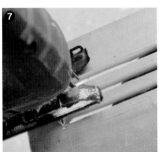

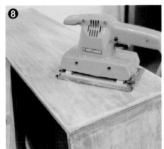

**7** 以線鋸機裁切出木質文件櫃的感覺。

**8** 用電動砂磨機將步驟 7 裁切的木頭拋光。

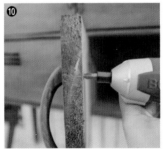

**9** 底色用海綿沾取著色劑（Benjamin moore 半透明著色劑 arborcoat oxford brown 70）上色。

**10** 安裝木製手把。

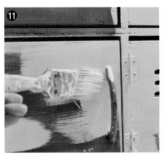

**11** 表面色則用油漆（Benjamin moore natura white dove OC 17）上色 2～3 次。

**12** 先用膠水將英文報紙黏貼好後，再用鐵釘固定名牌夾。

**TIP** 用砂紙拋光來凸顯復古風後就大功告成。

# 復古又實用的
# 文件櫃收納箱

為了用原木木頭表現出鐵製感，
刻意用線鋸機裁切出三條線，
並使用不同的油漆上色法來營造出鐵製文件櫃的感覺。
這是第一次裁切三條線的作業，
雖然有點不平整，但這不也就是 DIY 裝修的魅力嗎？

使用工具　充電電鑽、線鋸機、木材用扁平鑽頭、美工刀、鉛筆、尺、
220 號砂紙

使用材料　杉木集成木（厚 18mm×寬 260mm×長 1200mm）、海綿、支撐架
原木腳四個、油漆（Benjamin moore regal iced green 673）、著色劑（Benjamin
moore 半透明著色劑 arborcoat oxford brown 70）、門掛勾、合頁

尺寸　長 530mm×寬 265mm×高 1300mm（包含原木腳）

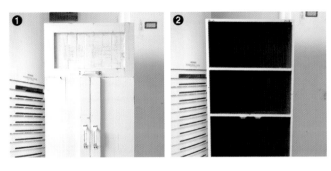

**1** 整修過的白色收納箱。

**2** 拆下原本的門扇。

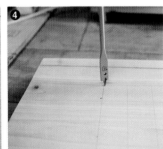

**3** 裁切杉木集成木（厚 18mm×寬 260mm×長 1200mm）符合門的尺寸後，以鉛筆畫出須裁切的三條線。

**4** 用木材用扁平鑽頭來進行鑽洞。

**TIP** 鑽洞時下面可放厚的木板當底，可防止直接穿到地面。

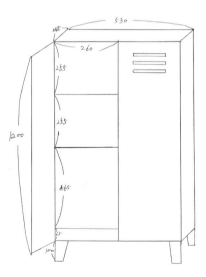

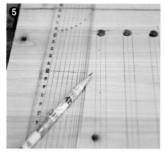

**5** 用鉛筆標示出三條線須裁切掉的部分。

**6** 依照線的指示來進行線鋸機作業。

**7** 以 220 號砂紙拋光裁切後粗糙的木頭。

**8** 以底色用著色劑（Benjamin moore 半透明著色劑 arborcoat oxford brown 70）上一次色。

**9** 表面色則用油漆（Benjamin moore regal iced green 673），上色兩次。

**TIP** 請將整體物品都進行油漆上色。

**10** 等油漆乾燥後，用美工刀稍微刮去邊的油漆。

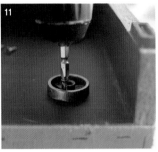

**11** 用螺絲釘固定櫃子底部的支撐架。

**12** 將原木腳旋轉至固定。

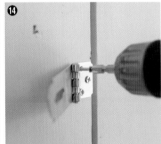

**13** 用合頁將門安置於櫃子。

**14** 於門扇中央裝上門掛勾。

TIP 在切斷木材時須注意工具使用的安全性，很可能會瞬間發生危險，所以要集中注意力使用。杉木在裁切後會有粗糙的地方，可用砂紙來拋光。

Eiffel Tower

The best and most beautiful things in life
cannot be seen or touched.
They must be felt with the heart.

in Paris, France

AD. 1889

第五章

—

# 浴室

## 重現希臘聖托里尼風的浴室

一直很想要把希臘聖托里尼的蔚藍色色調使用在浴室,讓浴室在炎熱的夏天裡讓人有清涼的感覺。刻意打造成乾式浴室讓浴室也是個可休息的小空間,暫時躺在木板上不僅有森林浴的效果,也能鎮靜內心。

# 065

# 如進行歐洲旅遊般的
# 歐風浴室牆

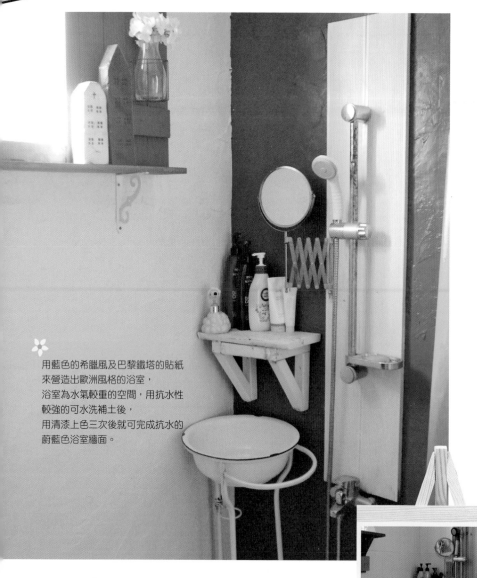

用藍色的希臘風及巴黎鐵塔的貼紙
來營造出歐洲風格的浴室，
浴室為水氣較重的空間，用抗水性
較強的可水洗補土後，
用清漆上色三次後就可完成抗水的
蔚藍色浴室牆面。

before

使用工具　電動電鑽、油漆刷、橡皮刮刀、油漆盤、紙膠帶
使用材料　補土（外部用油灰）、油漆（Benjamin moore auro white doveOC
17、Benjamin moore natura brilliant blue 2065-30）、清漆（Benjamin moore 高
光）、合頁

**1** 將外部用補土仔細地塗抹於浴室磁磚上，由於磁磚中間有填縫劑，等到第一次乾燥後再塗抹第二次。
**2** 將適量油漆倒於油漆托盤上。

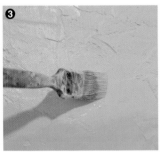
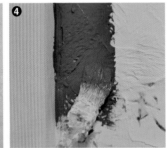

**3** 廁所牆壁用油漆（Benjamin moore auro white doveOC 17）仔細塗抹 2～3 次。
**4** 其他牆面則塗油漆（Benjamin moore natura brilliant blue 2065-30）。

**5** 油漆完全乾燥後仔細塗上兩次清漆（Benjamin moore 高光）。
**6** 使用落葉松來製作普羅旺斯木窗。

**7** 上油漆（Benjamin moore natura brilliant blue 2065-30）兩次。
**8** 將門用合頁固定於玻璃窗旁。

# 066

# 相當注重小細節的
# 浴室門裝修

❀ 為了讓浴室內外有統一性,門也用白色及藍色作為底色。
門中間用模板玻璃,就算不進到浴室內,
也會好奇理面的裝潢會是如何。
透過玻璃可隱約看到裡面是否有人使用,是個不需要敲門的禮儀之門。

before

使用工具　電動電鑽、線鋸機、釘槍、圓穴鋸

使用材料　美國松合成木板(厚 4.8mm×寬 100mm)、杉木集成木木板(厚 15mm×寬 45mm)、柳安木角材(厚 10mm×寬 10mm)、大寫英文字母、油漆(Benjamin moore auro white doveOC 17)

**1** 將門拆下後用圓穴鋸在玻璃窗旁挖洞。

**2** 以線鋸機來切除玻璃窗。

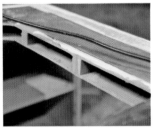

**3** 切割後可看到門的構造,標示出中間支撐木的位置。

**4** 用集成木板(厚 15mm×寬 45mm)製作符合浴室門大小的玻璃窗框,後方再用釘槍固定柳安木角材(厚 10mm×寬 10mm)。

**5** 將步驟 4 的窗框用釘槍固定於步驟 3 有支撐木的位置。

**6** 門的背面也用釘槍固定杉木集成木板(厚 15mm×寬 45mm)。

**7** 門框用美國松合成木板(厚 4.8mm×寬 100mm)固定,再上兩次油漆(Benjamin moore auro white doveOC 17)。

**8** 將預先準備好的模板玻璃放入,用釘槍固定。

**9** 將大寫字母固定於木板上,放置於玻璃窗下方。

 **TIP**

為了卸除玻璃,先用圓穴鋸鑽洞可節省很多時間,在鑽洞前須考慮玻璃窗的大小,這樣才能預留足夠的空間來固定新玻璃。

# 067

# 私人的休息空間
## 乾濕分離的浴室

用杉木木材製作的浴室很容易會因水氣的關係而發霉，
因此以窗簾來區分淋浴跟著衣的地方，
淋浴的部分使用抗水性強的飫肥杉板材。

before

使用工具　電動電鑽、圓形鋸、線鋸機、油漆刷

使用材料　不透明著色劑（Benjamin moore arborcoat white dove OC 17）、著色劑（Benjamin moore 透明著色劑 arborcoat）、著色劑（Benjamin moore stain oak）、清漆（Benjamin moore 高光）、橡皮墊

乾式：杉木板材（厚 21mm×寬 120mm×長 3580mm 八個）、華盛頓紅柏紅杉木角材（厚 35mm×寬 35mm×長 2380mm 五個）

濕式：飫肥杉板材（厚 21mm×寬 90mm×長 3980mm 四個）、紅柏紅杉木角材（厚 18mm×寬 45mm×長 1500mm 兩個）

**1** 將濕式用，可抗水氣的板材（厚 21mm×寬 90mm×長 3980mm）用圓形鋸裁切成 900mm 長。

**2** 裁切 900mm 的板材上面放置紅柏紅杉木（厚 18mm×寬 45mm×長 1500mm）組合起來。

**TIP** 須預留 1cm 高度以免浸到水。

**3** 為了不讓木頭碰水，底部用橡皮墊固定。

**4** 製作為長 900mm×寬 600mm 的木板。

**5** 重複步驟 4，製作出三個，總共為長 900mm×寬 1900mm 的木板。

**6** 塗上三次不透明著色劑（Benjamin moore arborcoat white dove OC 17）後，再塗兩次透明著色劑（Benjamin moore arborcoat），最後以兩次清漆（Benjamin moore 高光）作結束。

**7** 將乾式用的板材（厚 21mm×寬 120mm×長 3580mm）裁切成 10 個 1500mm 後釘在一起。

**8** 底部以華盛頓紅柏紅杉木角材（厚 35mm×寬 35mm×長 2380mm）固定，為了不讓它碰到水，也用橡皮墊固定。

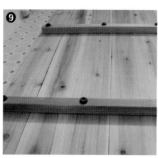

**9** 乾式板材為寬 1500mm×長 1900mm。

**10** 塗上三次著色劑（Benjamin moore stain oak）及兩次清漆（Benjamin moore 高光）。

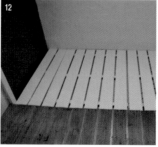

**11** 馬桶的部分用線鋸機仔細裁切木材。

**12** 乾式用橡色、濕式用白色來區分，淋浴時拉起浴簾隔離水氣。

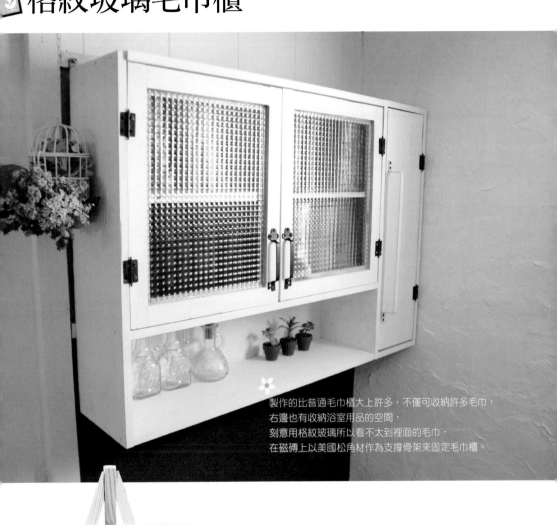

# 可收納許多毛巾的
# 格紋玻璃毛巾櫃

製作的比普通毛巾櫃大上許多，不僅可收納許多毛巾，
右邊也有收納浴室用品的空間，
刻意用格紋玻璃所以看不太到裡面的毛巾，
在磁磚上以美國松角材作為支撐骨架來固定毛巾櫃。

使用工具　圓形鋸、電動電鑽、線鋸機、夾鉗、矽利康槍

使用材料　杉木集成木木板（厚 15mm×寬 120mm）、油漆（Benjamin moore
natura white dove OC 17）、組合板、格紋玻璃、手把、合頁、防水木工膠、角
鐵、矽利康

尺寸　長 940mm×寬 195mm×高 650mm

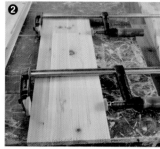

**1** 讓杉木集成木木板（厚 15mm×寬 120mm）成為 195mm，裁切後用防水木工膠黏貼。

**2** 為了固定步驟 1 的木板，用夾鉗幫忙。

**3** 用杉木集成木木板（厚 15mm×寬 120mm）及螺絲釘組合成長 740mm ×寬 650mm 的毛巾櫃外框。

**4** 高為 210mm，均分三等份後，從側面以螺絲釘固定。

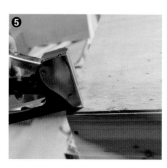

**5** 背板用釘槍固定。

**6** 毛巾櫃本體完成。

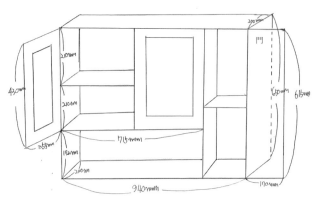

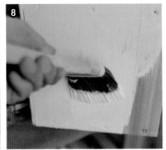

**7** 洗髮精收納為寬 190mm×長 195mm×高 650mm，以直角角鐵固定於毛巾櫃側邊。

**8** 漆上兩次油漆（Benjamin moore natura white dove OC 17）。

**9** 玻璃窗邊框用杉木木板製作，以矽利康固定格紋玻璃。

**10** 也將玻璃窗漆上油漆（Benjamin moore natura white dove OC 17）。

**11** 在磁磚上固定角材作為支撐骨架。

**12** 把製作好的毛巾櫃以直角角鐵固定於支撐骨架上。

用顏料表現出模板玻璃色澤的
# 彩繪玻璃窗

親手用彩繪玻璃顏料所畫的玻璃窗，
在半透明的玻璃上彩繪是很有個性的表現，
使它成為獨一無二的彩繪玻璃作品。

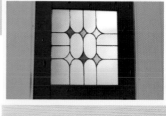

使用工具　多角度切割座、鋸子、電動釘槍、釘槍、美工刀、鐵尺、矽利
康槍、油漆刷

使用材料　杉木合板木板（厚 15mm×寬 120mm）、油漆（Benjamin moore
natura brilliant blue 2065-30）、著色劑（Bondex 水性著色劑懷舊褐）、彩繪玻璃
顏料、簽字筆、蠟燭、棉花棒、矽利康

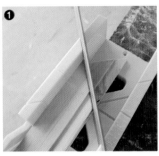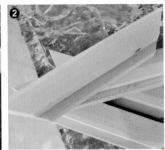

**1** 用多角度切割座裁切 45 度角。
**2** 將杉木合板木板（厚 15mm×寬 120mm）組裝成寬 385mm×長 400mm。

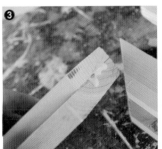

**3** 以防水木工膠連結。
**4** 背後用釘槍固定。

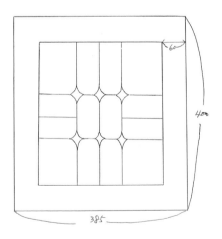

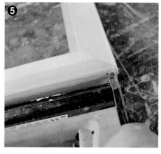

**5** 側邊也以釘槍固定。

**6** 完成的門扇木板漆上一次底色著色劑（Bondex 水性著色劑懷舊褐）。

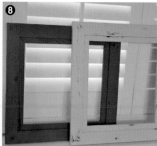

**7** 步驟 6 時選擇適當的地方塗上蠟燭後，漆上兩次表面油漆（Benjamin moore natura brilliant blue 2065-30）。

**8** 用鐵尺將剛才塗過蠟燭的地方把表面油漆刮掉，製造出復古風的玻璃窗框。

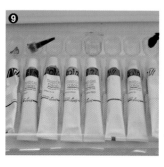

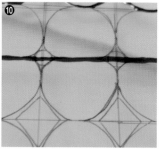

**9** 準備好彩繪玻璃用顏料。

**10** 用矽利康將玻璃固定於框上後，用簽字筆畫上草圖。

**TIP** 簽字筆為水性，之後可清除。

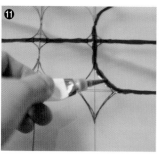

**11** 用藍色的顏料畫邊。

**12** 等到顏料凝固後用衛生紙將簽字筆的底圖擦掉。

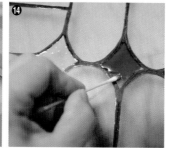

**13** 用美工刀將突出的顏料刮除。

**14** 再來使用棉花棒將紅色、橘色、黃色的顏料塗開。

TIP

彩繪玻璃最重要的是繪製底圖，再來是要小心不要畫到外圍，如果還是有滲出的話等到凝固後可以用美工刀刮除，製作時間較長，可能會花上兩天左右的時間，建議等到時間、精神充裕時再挑戰。

# 070

# 展現曲線美的
# 洗手台櫃

花花綠綠的洗手台磁磚可讓人跳脫單調，
更能凸顯有洗鍊曲線的洗手台。
直接走訪店家後購買材料更讓人感到特別。

使用工具　充電電鑽、電動釘槍、圓形鋸、濕抹布、油漆刷

使用材料　洗手台、水龍頭（從社區磁磚店購入）、美國松木角材（厚
30mm×寬 60mm）、杉木組合板（厚 10mm×寬 100mm）、雲杉板材（厚
19mm×寬 235mm）、mistral 磁磚（厚 100mm×寬 100mm）、塞法戴克斯
PL50 黏著劑、填縫劑、油漆（Benjamin moore natura white dove OC 17）、清
漆（Benjamin moore 低光）、合頁、手把

**1** 將美國松木角材（厚 30mm×寬 60mm）組裝成寬 650mm×長 790mm×高 465mm 後，用杉木組合板（厚 10mm×寬 100mm）從裡面固定，頂端用雲杉板材（厚 19mm×寬 235mm）裁切成長 695mm×寬 500mm 的大小後固定。

**2** 用圓穴鋸先鑽出鎖需要的洞孔，水龍頭為 40mm、洗手台為 50mm。

**3** 放置好水龍頭跟洗手台後，把管子放入洞孔後，連接水管。

**4** 用塞法戴克斯 PL50 黏著劑黏貼 mistral 磁磚（厚 100mm×寬 100mm）。

**5** 用填縫劑仔細地擠入縫中。

**6** 以濕抹布來回擦拭 2～3 次。

**7** 把清漆塗在填縫劑上。

**8** 洗手台櫃的門用雲杉板材（厚 19mm×寬 235mm）製作成支撐角材，固定於門扇內側。

**9** 最後用合頁裝上門並固定手把後，塗抹兩次油漆（Benjamin moore natura white dove OC 17）。

# 071

# 以巴黎鐵塔壁貼來
# 裝飾浴室牆壁

Eiffel Tower

The best and most beautiful things in life
cannot be seen or touched.
They must be felt with the heart.

in Paris, France
AD. 1889

為了勾起去法國旅遊的回憶，
特別在浴室貼上巴黎鐵塔的壁貼，
使用壁貼的作業較簡單方便，
依照圖片大小陳列擺設後貼上即可。

before

使用工具　推板
使用材料　油漆（Benjamin moore natura white dove OC 17）、清漆（Benjamin moore 低光）、sangsanghoo 的巴黎鐵塔壁貼、轉貼模

**1** 將原本的模板作品用油漆（Benja-min moore natura white dove OC 17）上色 2～3 次。

**2** 完成乾淨的白色牆面後，用清漆（Benjamin moore 低光）結尾。

**3** 將 sangsanghoo 的巴黎鐵塔壁貼貼於轉貼模上。

**4** 準備好想使用的圖案。

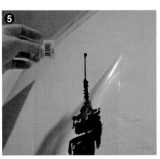

**5** 將壁貼貼在喜歡的地方。

**6** 用推板推勻使壁貼能牢牢黏著。

**7** 也把可愛的字體貼上。

# 072

# 開燈時就會有氣泡的
# 巧克力浴室燈

✿ 巧克力浴室燈裡的玻璃有氣泡,給人有不同的感覺,
開燈時觀看氣泡的樣子也別有風味,
很適合改變浴室的氣氛。

使用工具　充電電鑽、老虎鉗、黑色絕緣膠帶
使用材料　空間照明巧克力 1 頭燈

 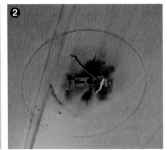

1 將巧克力 1 頭燈分解。
2 切斷電源後將舊燈卸下,先裝上新的燈飾底座。

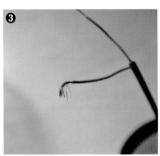 

3 連接電線。
4 把燈飾與天花板的底座相連。

5 裝上燈管及玻璃。
6 完成歐洲式燈飾。

**TIP**

原本浴室的燈因安全問題更換成這個新燈飾,更換電燈時記得關閉總開關,使用充電電鑽,照著說明書的安裝步驟來進行,若對電器不太懂,可借助相關人員的幫忙進行更換。

第六章

|

# 陽台

## 學生時期的回憶－陽台

在陽台喝著咖啡、看書休息、享受日光浴是女人的專屬私
人空間，用組合板裝飾的地板也勾起不少學生時期的青澀
回憶。

# 073

# 活用陽台空間的
# 洗衣機收納與偽牆

California
3HSX237

窄小的陽台上放置洗衣機，讓收納空間不足，
是否也覺得洗衣機跟四周的環境格格不入？
為了遮住突兀的洗衣機，製作了原木的迷你假牆。
漆上綠色，帶給人在樹叢裡的舒適感覺。

before

使用工具　電動釘槍、充電電鑽、線鋸機、鐵製螺絲釘、油漆刷

使用材料　角材（厚 30mm×寬 60mm×長 3600mm）、美國松組合板（厚 12mm×寬 110mm×長 3600mm）、防水木工膠、合頁、復古車牌、油漆 （Benjamin moore natura southfield green HC 129）、著色劑（Bondex 油性著色劑 胡桃）

**1** 測量出洗衣機所需要的收納空間後，用角材（厚 30mm×寬 60mm×長 3600mm）製作出外框，以木板作支撐台。

**TIP** 請參考製作陽台倉庫門的過程。

**2** 用合頁固定組合板木門（寬 380mm×長 640mm），洗衣機兩旁的牆面用直立的角材固定。

 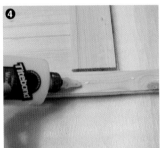

**3** 依序排放固定長度的美國松組合板（厚 12mm×長 110mm×寬 100mm）來製作假牆壁。

**4** 寬度較窄的美國組合木板（寬 12mm×厚 3mm×長 100mm）塗上防水木工膠後黏在邊框。

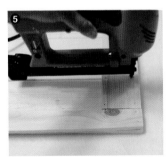 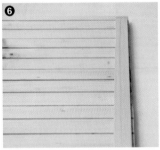

**5** 用釘槍固定組合板四周。

**6** 背板也使用較窄的美國松組合木板（厚 12mm×長 110mm×寬 100mm）再加強固定一次。

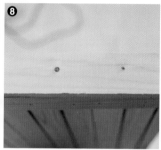

**7** 在組合板上方塗上防水木工膠。
**8** 加上較窄的美國松組合木板（厚 12mm×寬 35mm×長 650mm）並以電動釘槍固定。

**9** 正面用螺絲釘鑽上復古車牌。
**10** 右側上方以合頁固定。

**11** 為了固定組合板假牆於組合板牆面，準備了鐵製螺絲釘。
**12** 將假牆用合頁固定於步驟 3 的牆壁上。

**13** 完成充滿木質感的組合板偽牆。

**14** 為了表現出樹林裡的舒適感，準備了油漆（Benjamin moore natura southfield green HC 129）

**15** 將假牆與收納門整體上色兩遍。

**16** 最後以著色劑（Bondex 油性著色劑胡桃）擦拭偽牆上端木板。

> **TIP**
> 在牆壁上固定木材時，一定要使用水泥鑽頭，若不小心鑽太大洞時，可放入牙籤。鐵製螺絲釘比一般螺絲釘來的能有效固定。

# 074

散發平靜氣息的
# 陽台組合板地板

陽台並沒有地板暖氣,所以冬天時並不常到陽台。
幫陽台地板以原木固定後,
有平靜、鄉村的感覺,
有孩子的家庭裡,
小孩若能直接踩在木板上對身心也有益處。

before

使用工具　電動釘槍、線鋸機、海綿刷
使用材料　柳安木組合板(厚 12mm×寬 110mm×長 3600mm 八個)一層、角
材(厚 3mm×寬 60mm×長 3600mm)、著色劑(Benjamin moore arborcoat 透明
著色劑)
尺寸　長 2600mm×寬 800mm

**1** 依照陽台的寬度，將角材（厚 3mm×寬 60mm×長 800mm）裁切成固定長度，及保持一定間距。將柳安木組合板（厚 12mm×寬 110mm×長 3600mm）一張一張鋪放，並以電動釘槍固定。

**2** 柳安木組合板有些許重量，用釘槍時手腕須用力來進行作業。

**3** 準備有防濕、防霉效果的著色劑（Benjamin moore arborcoat 透明著色劑）。

**4** 用海綿刷將地板來回擦拭兩次。

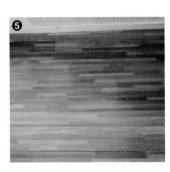

**5** 等著色劑乾燥後再重新上漆，共重複進行三次。

> **TIP** 在陽台使用木質地板須選擇抗濕、抗霉效果較好的原木，教室裡經常使用的柳安木組合板有重量，在作業時一定要手腕施力才能釘緊，若有突出的釘針，可用鐵槌敲入，以保持表面光滑。陽台有可能會有不小心彈進來的雨水，所以最好重複數次著色劑及清漆的作業，來阻擋水份進入。

# 075

# 只需十分鐘就可完成的
# 復古照明

✳ 只花了韓幣六千元來打造這復古照明，
雖是以低廉價格、快速時間製作而成，
但改造氣氛及裝飾的效果卻是不可或缺的。

使用工具　螺絲起子、鉗子
使用材料　燈座、插頭、鐵絲網、電線、燈泡（60W）

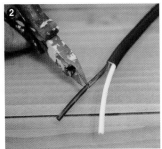

**1** 準備好超簡單的 DIY 照明材料。
**2** 用鉗子將電線前端剪開 2cm，並將包裹電線的塑膠皮拔除。

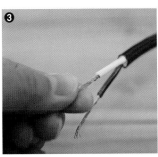

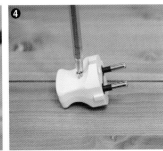

**3** 將電線捲成麻花辮般。
**4** 用螺絲起子拆開插頭塑膠蓋。

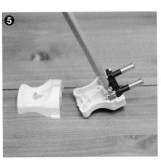

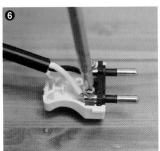

**5** 將插頭裡的螺絲稍微鬆開。
**6** 將步驟 3 的電線固定於插頭洞裡。

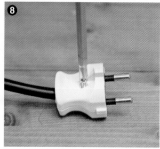

7 仔細將黑線、白線壓緊。
8 重新拴緊插頭的蓋子。

9 將燈座整個分離。
10 讓拔除塑膠皮的電線通過燈座內。

TIP 將步驟 2 另一邊的電線拆開後,將電線捲成麻花辮般。

11 將燈座的螺絲鬆開,以螺絲起子固定銅線。
12 將燈座的蓋子與身體重新組合後固定。

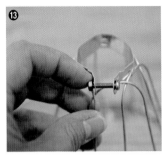

**13** 鬆開鐵絲網旁的螺絲。
**14** 放入步驟 11 的燈座後拴緊螺絲。

**15** 裝上燈泡的樣子。

 TIP
製作照明的材料並不是每個主婦常接觸的東西，須充分了解材料後、再進行作業，須注意固定電線時別碰觸到另外的電線，須注意也不能用濕的手來插或拔插頭。

# 076

# 讓陽光灑進陽台的
# 窗邊原木隔窗

原木的咖啡色地板、綠色的洗衣機收納櫃，
就連窗戶也要有復古風，
DIY 的好處就是可以製作想要的裝修風格，
是否想在改造後的陽台上悠閒地喝杯咖啡呢？

before

使用工具　電動釘槍、充電電鑽、矽利康槍
使用材料　kienho 柚木材（厚 15mm×寬 45mm×長 890mm 兩個、厚 15mm×
寬 45mm×長 320mm 四個）、寬度較窄的組合板木條、著色劑（Benjamin
moore arborcoat 透明著色劑）、手把兩個、防水木工膠、直角型扁鐵、透明
矽利康、合頁四個、sonjabee.com 橫條玻璃（長 750mm×寬 425mm 一片、
長 820mm×寬 425mm 一片）

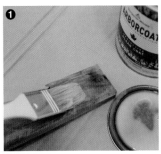

**1** 用窗邊所需要的柚木材木板（厚15mm×寬45mm×長890mm 兩個、厚15mm×寬45mm×長320mm 四個）漆上一次著色劑（Benjamin moore arborcoat 透明著色劑）。

**2** 等待著色劑完全乾燥。

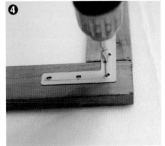

**3** 用防水木工膠連結木材。

**4** 四邊以直角扁鐵固定。

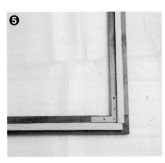
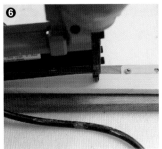

**5** 將準備好寬度較窄的美國松組合板木條，放置於邊框。

**6** 以電動釘槍固定，製作成窗框。

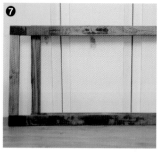

**7** 總共需要兩個窗框。

**8** 再放上玻璃前，先用合頁固定於窗框上。

**9** 在木條內側塗入透明矽利康。

**10** 將橫條玻璃放入。

**11** 背面再塗上一圈透明矽利康固定。

**TIP** 矽利康凝固的時間需要一天以上，最好能靜置兩天，加強牢固度。

**12** 用螺絲釘固定手把。

**13** 將完成的玻璃窗上端固定於假窗邊框。

**14** 利用假牆柱子當支柱來固定木板。

**15** 將玻璃窗下端放於固定的木板上。

**TIP**

由於是使用有厚度的玻璃，固定玻璃時的矽利康塗抹作業須特別注意，等到完全凝固時才可搬動。充滿原木特色的窗框，最好能漆上好幾次清漆來結束作業。

# 077

# 鄉村咖啡小店風格的
# 陽台佈置

老舊的住宅陽台空間大部份都是這樣，
狹長的陽台如果整修的話似乎是個大工程，
於是我收集資料並加以設計，
打造可以營造舒適、收納皆宜的鄉村風門扇，
及倉庫型的收納櫃，來重現置身於樹林的感覺

使用工具　充電電鑽、電動釘槍、矽利康槍、線鋸機、橡皮鐵槌、水泥用
鑽頭、金色螺絲釘（鐵製螺絲釘）、鋸子、鑿刀、海綿刷
使用材料　整體的邊框角材（厚 30mm×寬 60mm×長 3600mm 八個）－兩
層、美國松組合木木板（厚 12mm×寬 110mm×長 3600mm 八個）－四層、偽
牆中間架子－雲杉板材（厚 30mm×寬 140mm×長 3600mm 一張）、油漆
（Benjamin moore regal white dove OC 17）、著色劑（Bondex 水性著色劑樺樹、
橡樹）、塞法戴克斯 PL60 黏著劑、直角型角鐵、合頁、矽利康

**before**

**1** 在陽台窗邊牆上增加原木角材
（厚 30mm×寬 60mm）。

**TIP** 在水泥牆上固定角材須先使
用水泥鑽頭鑽洞後，再以鐵製螺絲
釘固定。

**2** 角材與角材連接的地方用直角角
鐵固定。

**3** 結束陽台邊框作業後，製做格子
的骨架。

**4** 於角材上塗抹塞法戴克斯 PL60
黏著劑，與美國松組合板固定。

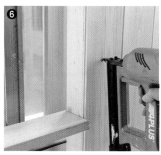

**5** 一次兩三張，整齊地組合美國松
組合木木板（厚 12mm×寬 110mm）。

**6** 以電動釘槍固定於骨架上。

**7** 窗邊下方留出一個可讓空氣流通的門。

**8** 陽台另一邊則要製做收納用倉庫。

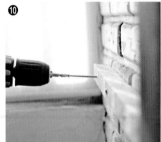

**9** 要製做收納用倉庫首先須作出邊框及中間架子的骨架。

**10** 直接於磚頭上鑽洞來固定角材。

**11** 將美國松木板整齊地擺放製做成架子。

TIP 用電動釘槍來進行作業，請先從上面的架子開始。

**12** 窗戶中間用雲杉板材來固定架子。

**13** 用美國松組合木板來做倉庫的門。

**14** 製作放置於倉庫門上方及洗衣機收納箱上方玻璃窗。

TIP 玻璃窗的製作請參考窗邊原木隔窗的製作過程。

**15** 用美國松組合木板製作遮蔽的門及收納櫃的門。

**16** 用較寬的合頁來固定倉庫門及木板門。

**17** 在上著色劑之前真實的木紋圖案。

**18** 將著色劑（Bondex 水性著色劑橡樹）漆於中間的架子及於邊框部分，倉庫的門則使用著色劑（Bondex 水性著色劑樺樹）上色兩次。

**19** 準備不需要清漆作為結尾的油漆（Benjamin moore regal white dove OC 17）。

**20** 將美國松組合木木板全部擦上兩次油漆（Benjamin moore regal white dove OC 17）

**TIP**

陽台 DIY 的木材不是從網路上購物而是從社區裡的木材行購買，這也是可以低廉價格購買許多數量的好方法。牆面固定時，鐵製螺絲釘會比一般螺絲釘來的穩固，可不需使用兩用鑽頭，直接用鐵製螺絲釘也不會讓木頭裂開。暴露在陽光及空氣的陽台最好是使用組合型木板而非一般木材，也不要忘記須以著色劑或清漆作為最後的上色作業喔。

---

# 078

# 實用可愛的
# 畚箕

原木製成的畚箕，
漆上咖啡與白色的自然色，
使它成為自然的裝飾品，
很常看到外面販賣的小畚箕，
於是就自己動手做了。

before

使用工具　雕刻刀、手動砂磨機、形染拓刷筆、220 號砂紙、海棉

使用材料　bygyo 半成品畚箕兩個、油漆（Benjamin moore ben cloud white W 626）、骨董釉（General Finishes 咖啡）模板

尺寸　長 250mm×寬 250mm×高 330mm（包含手把）

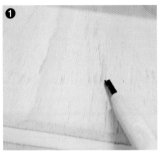

**1** 用雕刻刀將原木畚箕刻出凹槽。

**2** 用海綿沾取適量骨董釉（General Finishes 咖啡）將畚箕整體擦拭一遍。

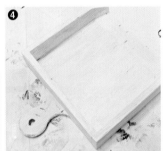

**3** 等到乾燥後再漆上兩次油漆（Benjamin moore ben cloud white W 626）。

**4** 等待油漆完全乾燥。

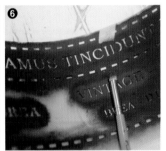

**5** 確認乾燥後用手動砂磨機裝上 220 號砂紙將邊拋光。

**6** 拿模板將想要的字體畫上去。

**7** 完成自然又鄉村的畚箕。

# 079

# 廢物再利用的
# 人造花裝飾

這次不需要花大錢就可以簡單製作的裝飾品。
每次當我完成小裝修時，都會覺得很滿足。
用鑰匙作為裝飾點出重點，
成為我專屬的裝飾小物。

before

使用工具　剪刀、打孔機、雙面膠
使用材料　空牛奶紙罐、人造花、咖啡渣、麻繩、鑰匙裝飾、咖啡再生紙
包裝或牛皮紙袋、兩個雞眼釦（環釦）

**1** 用剪刀剪去牛奶紙罐的開口部分。

**2** 將用過的乾淨咖啡渣倒出來。

**3** 剪開咖啡再生紙包裝將牛奶罐放入。

**4** 在咖啡包裝內側貼上雙面膠。

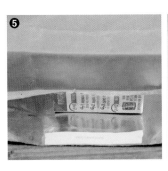

**5** 如包裝牛奶盒般以雙面膠固定。

**6** 底部以包禮物方式結尾,以雙面膠固定。

**7** 以雙面膠固定的整齊盒底。

**8** 將包裝開口四角剪至牛奶盒處。

**9** 用雙面膠帶固定牛奶盒及折入的咖啡包裝紙。

**10** 用打孔機在牛奶盒兩邊挖洞。

**11** 固定雞眼釦。

**12** 用麻繩穿入雞眼釦後打兩個結固定。

TIP 須打緊結繩以免日後鬆滑。

**13** 在正面的雞眼釦孔中穿入鑰匙
作裝飾。

**14** 將咖啡渣倒入牛奶盒中。

**15** 最後將人造花放入。

TIP 也可以裝入泡棉或小石頭後
再放入人造花。

TIP 可以用較尖的工具或錐子來代替打孔機，若沒有咖啡再生紙包裝，
也可以用米袋或紙類等作外部包裝。倒入咖啡渣前可先放些石頭增
加重量。

# 080

# 剩餘木頭與織物相互配合的
# 對講機蓋

老舊的對講機出現在新裝潢好的陽台，
令人看起來相當不順眼，
於是就製作了超簡單的對講機蓋，
不需要裁切或釘釘子，
可隨時更換想要的織物。

使用工具　矽利康槍、油漆刷、圖釘

使用材料　零碎木材（厚 15mm×寬 70mm×長 230mm 一個）、織物（寬 203mm×長 320mm 一張）、著色劑（Bondex 油性著色劑櫻花樹）、矽利康

尺寸　長 400mm×寬 300mm×高 520mm

before

**1** 用矽利康槍將矽利康塗於對講機及牆面。

**2** 把零碎的木板（厚 15mm×寬 70mm×長 230mm）放於矽利康上，並且用力按壓加強固定。

**TIP** 矽利康凝固的時間約需要一天。

**3** 將木板塗上一層著色劑（Bondex 油性著色劑櫻花樹）。

**4** 將織物（寬 203mm×長 320mm）裁切的比對講機多 10mm 的距離。

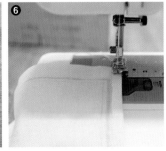

**5** 將邊邊往內摺（5mm～10mm）。

**6** 將內摺的邊用裁縫機車起來。

**TIP** 若不會用裁縫機，也可以用手縫。

**7** 用圖釘將完成的織物固定在木板上。

**TIP** 若沒有圖釘，大頭針或小釘子固定。

**TIP** 由零碎木頭及織物製作的對講機蓋，不需要在牆上敲打也能完成改裝。

附錄

|

# 樓梯

## 裝飾成如天國階梯般的咖啡風樓梯

住在樓中樓的我最喜歡的空間就是樓梯，對我來說一樓若
是現實的生活，那麼二樓就是未來的生活，是可以用無限
想像力來裝飾的自由空間。

# 081

# 三階段樓梯大改造
# 油漆、手作牆面、貼皮紙

before

使用工具　滾刷、加長棍、橡皮刮刀、鑿刀、油漆刷、油漆托盤

使用材料　油漆（Benjamin moore ben cloud white 967）、補土（五金行購入）、sonjabee.com 木紋貼皮紙

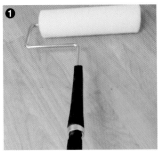

**1** 二樓的牆面較高，準備了油漆可用的加長棍及滾刷。
**2** 將托盤套上塑膠袋後倒入適量油漆（Benjamin moore ben cloud white 967）。

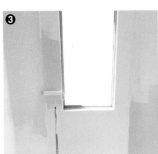

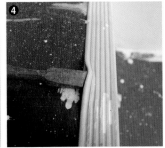

**3** 較高的地方用梯子來粉刷牆面，共兩次。

**TIP** 較低的地方可用油漆刷上色。

**4** 用鑿刀將樓梯上的裝潢條拆除。

**5** 把樓梯正面的地板也全部拆除。
**6** 進行手作牆面前，先把髒亂的垃圾及灰塵打掃乾淨。

**7** 挖出適量的補土在塑膠板上。

**8** 用橡皮刮刀把樓梯正面塗上兩次。

**9** 等到完全乾燥後，上兩次與牆面相同顏色的油漆。

**10** 將木紋貼皮紙裁切的與樓梯一樣大小。

TIP 貼皮紙比壁紙厚，但比地板紙薄。

**11** 一張一張貼上貼皮紙，用四方型工具使地板完全服貼。

# 改造樓梯窗
# 手作木板門

before

使用工具　鐵槌、鐵釘、充電電鑽、形染拓刷筆、海綿

使用材料　美國松木板（厚 4.8mm×寬 100mm×長 720mm 七個）、橫向邊框木板（厚 4.8mm×寬 85mm×長 300mm 四個）、角材（厚 30mm×寬 50mm×長 720mm 兩個、厚 30mm×寬 50mm×長 1120mm 兩個）、著色劑（True Tone natural wood stain light oak）、模板、壓克力顏料（黑）、合頁四個、黑色手把兩個、防水木工膠

**1** 準備角材（厚 30mm×寬 50mm×長 720mm 兩個、厚 30mm×寬 50mm×長 1120mm 兩個），連接角材時須黏上防水木工膠再組合成直角。

**2** 用剩下的角材製作成四方型的邊框。

**3** 先用兩用鑽頭在玻璃窗框上鑽洞，再用螺絲釘固定邊框。

**TIP** 若在水泥牆面釘螺絲釘時，先用水泥用鑽頭鑽洞後，再用螺絲釘固定。

**4** 四邊都用螺絲釘牢牢固定。

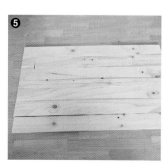

**5** 將美國松木板（厚 4.8mm×寬 100mm×長 720mm）整齊擺放成門的大小。

**6** 用防水木工膠塗抹於橫向的附加木板（厚 4.8mm×寬 85mm×長 300mm）。

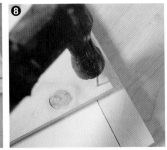

**7** 將附加木板固定於門扇上。

**8** 維持固定的間格後以鐵釘牢牢固定。

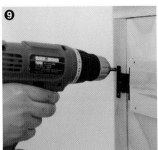

**9** 組裝結束後用合頁將門固定於邊框上。

**TIP** 由於不是開闔式的窗戶，門扇的大小須符合邊框大小來製作。

**10** 用海綿沾著色劑（True Tone natural wood stain light oak）上色一次。

**11** 在木板門的下方用形染拓刷筆塗上自己喜歡的字。

**12** 最後加上黑色的手把。

# 營造浪漫氣氛的
# 壁貼裝飾

使用工具　塑膠尺

使用材料　浪漫風格的壁貼

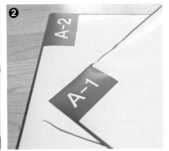

**1** 準備好要使用的壁貼。
**2** 每張壁貼都有相對應的號碼。

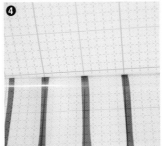

**3** 撕開轉貼模。
**4** 將壁貼貼於轉貼模。

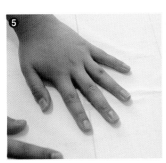

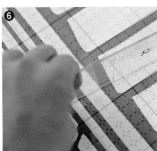

**5** 用手輕輕摩擦使它緊密黏貼。
**6** 若不好附著，也可用塑膠尺來幫忙。

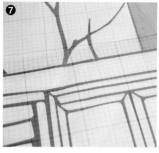

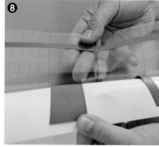

**7** 小心不要讓氣泡產生。

**8** 轉貼模的圖可以很順利的拆下來。

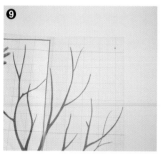

**9** 如拼圖般將兩張樹木的貼紙貼於牆壁。

**10** 可用手慢慢撕開轉貼模。

**TIP** 用手時須注意小心不要把底下的圖片也撕下來。

Between Trees
greet the morning with opening
the window wide
the events of the day
are waiting for you

**11** 確認是否有完整貼好。

**12** 隨意地貼樹葉，表現自然風格。

# 圖畫與精神及可感受到手作 DIY 熱情的地方

"AppleCountry"

可幫忙設計手作玩偶／油漆工具／DIY 家具／小飾品
襪子娃娃／裁切 DIY／織物／人偶，希望各位有空來看看唷。

www.applecountry.co.kr

尋找小幸福的…
她的一天